Equações Diferenciais:
Aplicações no Ramo das Ciências

Cleber Araújo Cavalcanti
Gerard John Alva Morales
José Antonio Pires Ferreira Marão
Kayla Rocha Braga
Leonardo Rogério da Silva Rodrigues
Yanna Leidy Ketley Fernandes Cruz (orgs.)

Equações Diferenciais: Aplicações no Ramo das Ciências

Editora Livraria da Física
São Paulo - 2023

1a. Edição

Editor: José Roberto Marinho
Projeto gráfico e diagramação: Thiago Augusto Silva Dourado
Capa: Fabrício Ribeiro

Texto em conformidade com as novas regras ortográficas do Acordo da Língua Portuguesa.

Dados Internacionais de Catalogação na Publicação (CIP)
(Câmara Brasileira do Livro, SP, Brasil)

Equações diferenciais : aplicações no ramo das ciências / organização Cleber Araújo Cavalcanti...[et al.]. - 1. ed. - São Paulo : Livraria da Física, 2023.

Outros organizadores: Gerard John Alva Morales, José Antonio Pires Ferreira Marão, Kayla Rocha Braga, Leonardo Rogério da Silva Rodrigues, Yanna Leidy Ketley Fernandes Cruz

Bibliografia.
ISBN 978-65-5563-318-4

1. Equações diferenciais 2. Matemática I. Cavalcanti, Cleber Araújo. II. Morales, Gerard John Alva. III. Marão, José Antonio Pires Ferreira. IV. Braga, Kayla Rocha. VI. Rodrigues, Leonardo Rogério da Silva. VII. Cruz, Yanna Leidy Ketley Fernandes.

23-148834 CDD-510.7

Índices para catálogo sistemático:
1. Matemática : Ensino 510.7
Eliane de Freitas Leite - Bibliotecária - CRB 8/8415

ISBN 978-65-5563-318-4

Impresso no Brasil
Printed in Brazil

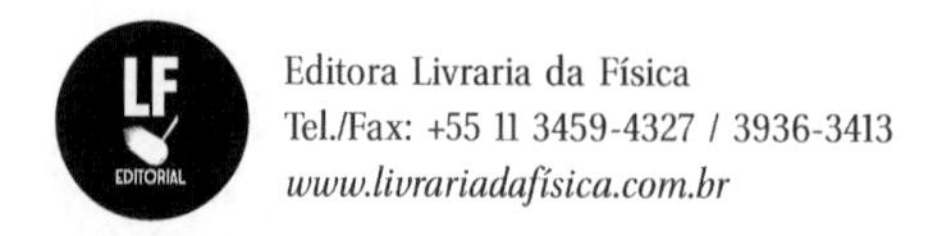

Editora Livraria da Física
Tel./Fax: +55 11 3459-4327 / 3936-3413
www.livrariadafisica.com.br

APRESENTAÇÃO

Este livro é fruto de um projeto desenvolvido na Disciplina de Equações Diferenciais Ordinárias — EDO, no curso de Licenciatura em Física, da Universidade Federal do Maranhão — UFMA.

Para a realização deste projeto contamos com a participação dos alunos do curso de Física, do Bacharelado Interdisciplinar em Ciências e Tecnologia, e com a colaboração de professores de Matemática da UFMA.

O livro foi dividido em duas partes - A primeira traz os artigos elaborados pelos professores de Matemática, em que eles destacam as aplicações das equações diferenciais, tais como: a modelagem da coexistência entre um predador com sua presa; análises das vibrações mecânicas (restritos a vibrações livres e restritas); um modelo (comportamental SIQR) que estuda a propagação de doenças infecciosas; e a apresentação de algumas formas de resolver numericamente problemas de valores iniciais associados a equações diferenciais ordinárias ou não. A segunda parte apresenta os relatos de experiências desenvolvidos neste projeto, iniciando pela professora da disciplina, e continuando com os relatos dos alunos. Nesses relatos é possível verificar que há a participação ativa dos alunos na participação do projeto. Alguns deles destacam simuladores utilizados para realizar os experimentos, gerando dados e discussões.

São textos enriquecedores e que ampliam o debate sobre modelagem matemática de problemas através das equações diferenciais, nas áreas das ciências, que vão além da sala de aula.

Boa leitura a todos!

Sumário

PARTE 1

AS EQUAÇÕES DIFERENCIAIS E OS MODELOS MATEMÁTICOS

INTRODUÇÃO À BIFURCAÇÃO DE HOPF

Gerard John Alva Morales

Dedicado a Jorge Manuel Sotomayor Tello

1 Introdução

Introduzimos aqui o conceito da bifurcação de Hopf através do estudo das equações diferenciais ordinárias que modelam a co-existência entre um predador com sua presa.

Nas coordenadas (x, y) do plano $\mathbb{R}^2$, o sistema não linear

$$\begin{cases} \dot{x} = \alpha x - \beta x y, \\ \dot{y} = -\gamma y + \delta x y, \end{cases} \tag{1}$$

é um sistema do tipo Lotka-Volterra, que modela a co-existência de duas espécies, por exemplo: uma presa com população x e um predador com população y.

Onde os parâmetros reais e positivos $\alpha, \beta, \gamma, \delta$; são importantes no estudo das propriedades ou mudanças estruturais que o sistema (1) ou o campo de vetores associado

$$X(x, y) = (\alpha x - \beta x y, -\gamma y + \delta x y) \tag{2}$$

possui no seu retrato de fase; o qual é objeto de estudo na teoria das bifurcações, conforme descrito em [S], pg. 4.

Envolvendo todos estes parâmetros, observemos que

(i) Na ausência do predador ($y = 0$); o sistema (1) é reduzido à equação diferencial $\dot{x} = \alpha x$, consequentemente a população inicial das presas x_0, cresce exponencialmente

$$x(t, x_0) = e^{\alpha t} x_0, \quad t > 0.$$

(ii) Na ausência da presa ($x = 0$); o sistema (1) é reduzido à equação diferencial $\dot{y} = -\gamma y$, consequentemente a população inicial dos predadores y_0, decresce exponencialmente

$$y(t, y_0) = e^{-\gamma t} y_0, \quad t > 0.$$

Ambas situações podem ser observadas na seguinte figura 1.

Figura 1: Populações de presa e predador.

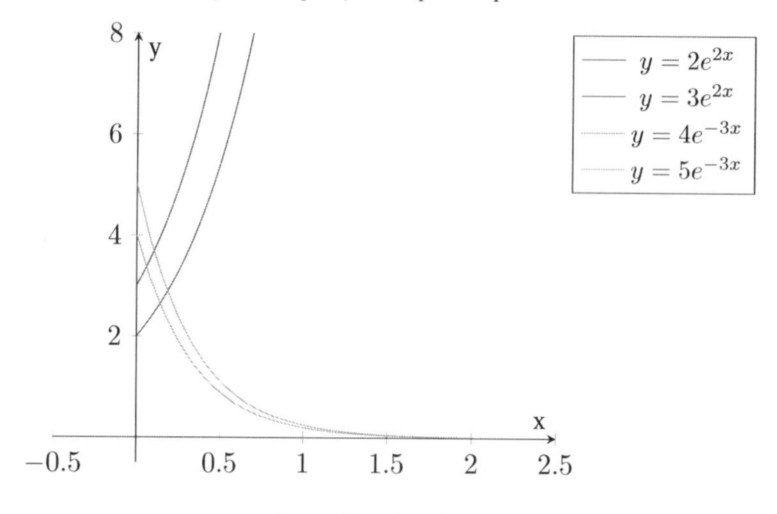

Fonte: Autoria própria.

As singularidades do campo X, dadas pela equação $X(x, y) = 0$, são localizados nos pontos

$$q_0 = (0, 0), \quad q_1 = \left(\frac{\gamma}{\delta}, \frac{\alpha}{\beta}\right).$$

A parte linear do campo $DX(q)$, nas singularidades $q = q_0$ e $q = q_1$, tem respectivamente a representação matricial

$$A_0 = \begin{pmatrix} \alpha & 0 \\ 0 & -\gamma \end{pmatrix}, \quad A_1 = \begin{pmatrix} 0 & -\beta\frac{\gamma}{\delta} \\ \delta\frac{\alpha}{\beta} & 0 \end{pmatrix}.$$

No plano de Poincaré (ver [HS] pg. 62), com coordenadas (σ, Δ) definidas pelo traço e determinante de uma matriz, tem-se respectivamente os pontos

$$(\sigma_0, \Delta_0) = (\alpha - \gamma, -\alpha\gamma) \quad \text{e} \quad (\sigma_1, \Delta_1) = (0, \alpha\gamma),$$

então, a parte linear do sistema (1), tem localmente

(i) Uma sela em q_0 com autovalores $\lambda_{01} = \alpha$ e $\lambda_{02} = -\gamma$.

(ii) Um centro em q_1 com autovalores $\lambda_{11} = i\sqrt{\alpha\gamma}$ e $\lambda_{12} = -i\sqrt{\alpha\gamma}$

O qual proporciona informação geométrica, como pode ser visto nas representações pictóricas nas figuras 2 e 3, respectivamente.

Figura 2: Sela em q_0 e soluções próximas.

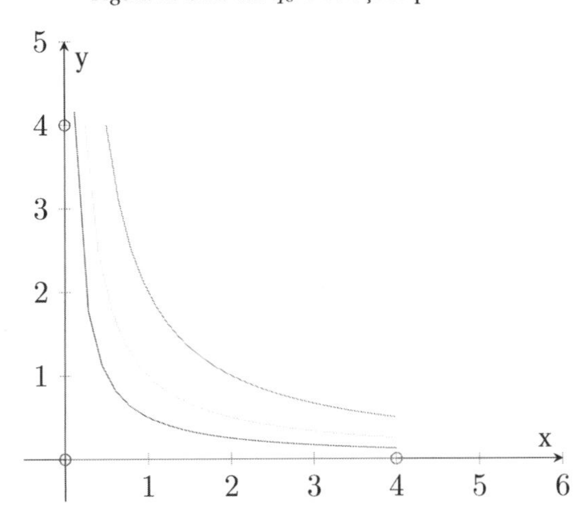

Fonte: Autoria própria.

Figura 3: Centro em q_1 e soluções periódicas.

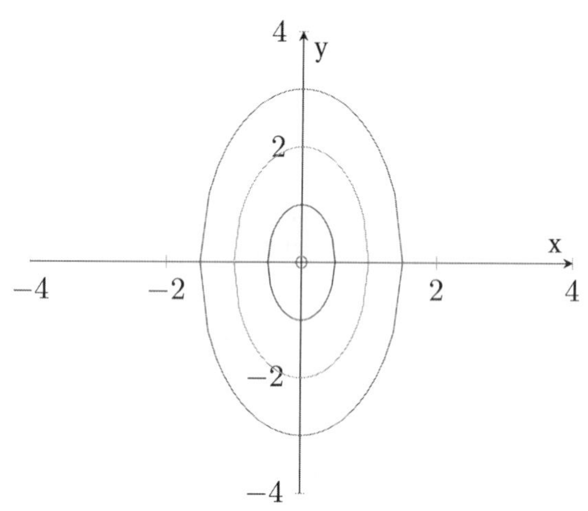

Fonte: Autoria própria.

Para ver a influência da parte não linear no sistema (1), podemos usar no quadrante $x > 0, y > 0$ o fator integrante $\frac{1}{xy}$ e assim obter a equação em variáveis separadas

$$\left(\frac{\gamma}{x} - \delta\right) dx + \left(\frac{\alpha}{y} - \beta\right) dy = 0,$$

de onde, as soluções são dadas pelas curvas de nível

$$\gamma \ln(x) - \delta x + \alpha \ln(y) - \beta y = C.$$

Usando a função $V(x, y) = -\gamma \ln(x) + \delta x - \alpha \ln(y) + \beta y$, como a função de Lyapunov para o sistema (1), o equilíbrio $q_1 = (\frac{\gamma}{\delta}, \frac{\alpha}{\beta})$ resulta ser estável, V atinge um mínimo global e as órbitas diferentes a q_1 são todas fechadas (ver [HS] pg. 242).

Observemos no sistema (1), que as propriedades qualitativas essenciais podem ser estudadas em conexão apenas com um único parâmentro (ver [K]). De fato, existe uma mudança linear de coordenadas

$$(x, y) \to (ax + by, cx + dy)$$

tal que, após o re-escalamento no tempo $\tau = t/\alpha$; o sistema (1) pode ser escrito como um sistema a um parâmetro

$$\begin{cases} \dot{x} = x - xy, \\ \dot{y} = -\gamma y + xy. \end{cases}$$

Para ver isto, considere $b = 0$, $c = 0$, $a = \frac{\alpha}{\delta}$ e $d = \frac{\alpha}{\beta}$.

Neste contexto é precisamente o que apresentaremos, sistemas ou campo de vetores no plano em que apenas um parâmetro seja essencial para entender suas mudanças estruturais ou bifurcações conforme observado em [S] pg. 6; onde também é descrito a linha de raciocínio para o estudo das bifurcações no caso de dois parâmetros.

Este estudo será feito de forma introdutória nos sistemas de tipo Lotka-Volterra (presa-predador), para o qual veremos duas variantes do sistema (1) em relação as funções resposta (ver [H]).

2 Bifurcação de Andronov-Hopf

A bifurcação de Andronov-Hopf para um campo no plano a um parâmetro $X(x, y, \alpha)$; também chamada de bifurcação do foco composto, como descrito em [S], trata-se do colapso de un foco e um ciclo, dado no parâmetro de bifurcação $\alpha^\star$; formando para $\alpha \neq \alpha^\star$ um foco hiperbólico de estabilidade contrária.

Apresentemos a seguir, a forma normal (ou canónica) de $X(x, y, \alpha)$ numa vizinhança da origem $(x, y) = (0, 0)$ (ver [K]).

Teorema 1. *Suponha que o sistema*

$$\dot{z} = X(z, \alpha), \quad z \in \mathbb{R}^2, \quad \alpha \in \mathbb{R} \tag{3}$$

é definido pelo campo de vetores X, suficientemente regular, com equilíbrios $X(0, \alpha) = 0$ para $|\alpha| \ll 1$ e com autovalores

$$\lambda_1(\alpha) = \mu(\alpha) + i\omega(\alpha), \quad \lambda_2(\alpha) = \mu(\alpha) - i\omega(\alpha)$$

onde $\mu(0) = 0$, $\omega(0) > 0$ e

(G) $\ell_1(0) \neq 0$, *onde* ℓ_1 *é o primeiro coeficiente de Lyapunov;*

(T) $\mu'(0) \neq 0$.

Então existe uma mudança de coordenadas e uma reparametrização no tempo, tais que o sistema (3) *pode ser escrito localmente como um dos seguintes sistemas*

$$\begin{cases} \dot{x} = \alpha x - y \pm x\left(x^2 + y^2\right), \\ \dot{y} = x + \alpha y \pm y\left(x^2 + y^2\right). \end{cases} \tag{4}$$

O primeiro coeficiente de Lyapunov ℓ_1 depende das derivadas da parte não linear do campo (ver [K] para uma demonstração).

Note que a parte linear do sistema

$$\begin{cases} \dot{x} = \alpha x - y - x\left(x^2 + y^2\right), \\ \dot{y} = x + \alpha y - y\left(x^2 + y^2\right). \end{cases} \tag{5}$$

tem parâmetros de Poincaré $\sigma = 2\alpha$ e $\Delta = \alpha^2 + 1$; assim, o sistema tem no ponto $(x, y) = (0, 0)$:

(i) Um equilíbrio linearmente estável para $\alpha < 0$ e $\alpha = 0$,

(ii) E um equilíbrio linearmente instável para $\alpha > 0$.

Para observar a influência da parte não linear no sistema (5), podemos usar as coordenadas polares $x = r\cos(\theta)$, $y = r\,\mathrm{sen}(\theta)$ e assim, no plano (r, θ), o sistema (5) escreve-se da forma

$$\begin{cases} \dot{r} = r\left(\alpha - r^2\right), \\ \dot{\theta} = 1. \end{cases} \tag{6}$$

Observemos que o equilíbrio $(x, y) = (0, 0)$ do sistema (5) corresponde ao equilíbrio $r = 0$ do sistema (6).

Também, observemos que para $\alpha > 0$, o sistema (6) tem um equilíbrio em $r = \sqrt{\alpha}$, o qual corresponde à trajetória do sistema (5) dada pelo círculo

$$\Gamma_\alpha = \left\{ (x, y) \in \mathbb{R}^2 \,\middle|\, x^2 + y^2 = \alpha \right\}.$$

De fato, Γ_α é uma trajetória fechada para o sistema (5); além disso, Γ_α também é isolada uma vez que o equilíbrio $(x, y) = (0, 0)$ é instável e para $r > \sqrt{\alpha}$, as trajetórias próximas de Γ_α, se aproximam de Γ_α espiralando. Então Γ_α resulta ser um ciclo limite estável.

3 Bifurcação de Andronov-Hopf em Sistemas Lotka-Volterra com função resposta $\frac{cxy}{\alpha+x}$

O modelo presa-predador dado pelo sistema

$$\begin{cases} \dot{x} = rx(1-x) - \dfrac{cxy}{\alpha + x}, \\ \dot{y} = -dy + \dfrac{cxy}{\alpha + x}, \end{cases} \tag{7}$$

é definido por um campo de vetores cujas trajetórias para $\alpha + x > 0$, são equivalentes às do campo definindo o modelo equivalente

$$\begin{cases} \dot{x} = rx(1-x)(\alpha + x) - cxy, \\ \dot{y} = -dy(\alpha + x) + cxy. \end{cases} \tag{8}$$

O campo definindo o sistema (8) tem equilíbrios nos pontos

$$E_0 = (0, 0), \quad E_1 = \left(\frac{d\alpha}{c-d}, \frac{r\alpha}{c-d}\left(1 - \frac{d\alpha}{c-d}\right)\right),$$

e a parte linear deste sistema tem representação matricial respectivamente

$$A_0(\alpha) = \begin{pmatrix} r\alpha & 0 \\ 0 & -d\alpha \end{pmatrix}, \quad A_1(\alpha) = \begin{pmatrix} a_{11}(\alpha) & a_{12}(\alpha) \\ a_{21}(\alpha) & a_{22}(\alpha) \end{pmatrix},$$

onde

$$a_{11}(\alpha) = \frac{r\alpha}{(c-d)^2}\left[d(c-d) - \alpha d(c+d)\right] = \frac{rd\alpha(c+d)}{(c-d)^2}\left[\frac{c-d}{c+d} - \alpha\right],$$

$$a_{12}(\alpha) = -\frac{cd\alpha}{c-d},$$

$$a_{21}(\alpha) = r\alpha\left[1 - \frac{d\alpha}{c-d}\right] = \frac{r\alpha}{c-d}\left[c - d(1+\alpha)\right],$$
$$a_{22}(\alpha) = 0.$$

Para o equilíbrio E_0 temos os parâmetros de Poincaré

$$\sigma_0(\alpha) = \alpha\,(r-d)\,, \quad \Delta_0(\alpha) = -rd\alpha^2,$$

e com parâmetros fixos $r > 0$ e $d > 0$; E_0 resulta ser uma sela.

Para o equilíbrio não trivial E_1 temos os parâmetros de Poincaré

$$\sigma_1(\alpha) = a_{11}(\alpha), \quad \Delta_1(\alpha) = -a_{12}(\alpha)a_{21}(\alpha),$$

e se para algum parâmetro de controle em $\alpha = \alpha_\star$, fosse possível

$$\sigma_1(\alpha_\star) = 0, \quad \Delta_1(\alpha_\star) > 0,$$

então, E_1 resultaria ser um centro.

Para estudar a bifurcação de Andronov-Hopf no equilíbrio E_1, vamos assumir os parâmetros na região

$$\Delta_1(\alpha) > \left(\frac{\sigma_1(\alpha)}{2}\right)^2,$$

e assim, obtemos os autovalores $\lambda_\pm(\alpha) = \mu(\alpha) \pm i\omega(\alpha)$, onde

$$\mu(\alpha) = \frac{\sigma_1(\alpha)}{2}, \quad \omega(\alpha) = \sqrt{\Delta_1(\alpha) - \left(\frac{\sigma_1(\alpha)}{2}\right)^2}.$$

Notemos que, para $\alpha_\star = \frac{c-d}{c+d}$ temos $\sigma_1(\alpha_\star) = 0$ e portanto

$$\mu(\alpha_\star) = 0, \quad \omega^2(\alpha_\star) = \Delta(\alpha_\star) > 0.$$

Como

$$\mu(\alpha) = \frac{1}{2}\frac{rd\alpha\,(c+d)}{(c-d)^2}\left[\frac{c-d}{c+d} - \alpha\right],$$

tem-se a derivada

$$\mu'(\alpha_\star) = -\frac{1}{2}\frac{rd\alpha_\star(c+d)}{(c-d)^2} = -\frac{1}{2}\frac{rd}{c-d}.$$

Portanto obtemos a hipótese (T) do teorema, satisfeito com $\mu'(\alpha_\star) < 0$, para o parâmetro de bifurcação em $\alpha = \alpha_\star$.

Analisando as derivadas da parte não linear do campo no sistema (8) (ver [K]), pode-se verificar também a hipótese (G) do teorema, satisfeito pelo primeiro coeficiente de Lyapunov

$$\ell_1(\alpha_\star) = -\frac{rc^2d^2}{\omega} < 0.$$

Assim, o sistema (8) e consequentemente o sistema (7), apresentam no equilíbrio E_1, uma mudança de estabilidade (estável para $\alpha > \alpha_\star$ e instável para $\alpha < \alpha_\star$) através do parâmetro de bifurcação $\alpha = \alpha_\star$; bifurcando um ciclo limite estável para $\alpha < \alpha_\star$.

4 Bifurcação de Andronov-Hopf em Sistemas Lotka-Volterra com função resposta $\frac{xy}{\alpha x^2+\beta x+1}$

Para finalizar esta introdução, apresentamos nesta seção o sistema presa-predador com função resposta do tipo Holling IV (ver [H])

$$\begin{cases} \dot{x} = x(1-\lambda x) - \dfrac{xy}{\alpha x^2+\beta x+1}, \\ \dot{y} = y(-\delta - \mu y) + \dfrac{xy}{\alpha x^2+\beta x+1}. \end{cases} \tag{9}$$

Este sistema tem sido estudado por exemplo em [BNRSW] e [B]. Em particular, os autores estudaram a bifurcação de Andronov-Hopf com um exaustivo e detalhada análise.

Observaram em [B] dois parâmetros "adequados" no sistema (9); para os quais também foi abordado e proposto o estudo da bifurcação de Andronov-Hopf generalizado.

Figura 4 — H. Poincaré - A. Andronov - E. Hopf - J. Sotomayor

Referências

[B] A.R. Belotto da Silva; Dissertação: Análise das bifurcações de um sistema de dinâmica de populações; IME-USP (2010).

[BNRSW] H.W. Broer, V. Naudot, R. Roussarie, K. Saleh, F. Wagener; Organising Centres in the Semi-global Analysis of Dynamical Systems; Int.J.Appl.Math.Stat. (2007).

[H] C. Holling; The functional response of predators to prey density and its role in mimicry and population regulation; Mem. Entomol. Soc. Canada 45, 5-60 (1965).

[HS] M.W. Hirsch, S. Smale, R.L. Devaney; Differential Equations, Dynamical Systems, and an Introduction to Chaos; ElsevierA.C. (2004)

[K] Yuri A. Kuznetsov; Elements of Applied Bifurcation Theory; Springer (1998).

[S] Jorge Sotomayor; Curvas definidas por equações diferenciais no plano; IMPA (1981).

ANÁLISE DAS VIBRAÇÕES UTILIZANDO EQUAÇÕES DIFERENCIAIS ORDINÁRIAS

José Antônio Pires Ferreira Marão

1 Introdução

A apresentação do tema de Vibrações Mecânicas, restrito a Vibrações Livres e Amortecidas, ocorreu no **WEBINÁRIO — Relatos de Experiência: Aplicabilidade de Equações Diferenciais**, organizado pela professora Kayla Rocha Braga, que na ocasião ministrava a disciplina de Equações Diferenciais Ordinárias para o curso de Física da Universidade Federal do Maranhão. O desenvolvimento do conteúdo foi feito de modo a evidenciar a versatilidade das Equações Diferenciais Ordinárias na resolução dos problemas de Vibrações, apresentando a modelagem, solução e culminando na interpretação dos resultados determinados.

As soluções das equações que regem Vibrações Livre e Vibrações Amortecidas são obtidas através dos métodos clássicos utilizados para resolver Equações Diferenciais Lineares de Segunda Ordem Homogêneas a coeficientes constantes, ou seja, equações do tipo:

$$y'' + ay' + by = 0,$$

em que a e b são constantes. Já as interpretações das soluções são geralmente apresentadas por gráficos das soluções, como pode ser visto em [1] e [2]. Em oposição à abordagem clássica, a abordagem feita no presente trabalho foi inovadora, pois o leitor poderá realizar modificações nos parâmetros das vibrações através de programas feitos no *software* GeoGebra.

Os elementos utilizados na abordagem levam em consideração o que está disposto nas Diretrizes Curriculares Nacionais para os Cursos de Física, que reforça a necessidade de formar profissionais que consigam estabelecer conexões com outras áreas, BRASIL (2001, p.3):

> Físico — interdisciplinar: utiliza prioritariamente o instrumental (teórico e/ ou experimental) da Física em conexão com outras áreas do saber, como, por exemplo, Física Médica, Oceanografia Física, Meteorologia, Geofísica, Biofísica, Química, Física Ambiental, Comunicação, Economia, Administração e incontáveis outros campos. Em quaisquer dessas situações, o físico passa a atuar de forma conjunta e harmônica com especialistas de outras áreas, tais como químicos, médicos, matemáticos, biólogos, engenheiros e administradores.

As Vibrações Livres e Amortecidas estão presentes em muitos sistemas reais, estudados principalmente por Engenheiros Mecânicos, Engenheiros Civis e Físicos, conforme mencionado anteriormente. Sistemas como esse também são utilizados em automóveis e máquinas, por exemplo. Vale destacar que os modelos estudados durante a abordagem são inspirados em situações comumente estudadas por engenheiros, possibilitando ao estudante formar conexões entre a Física, a Matemática e a própria Engenharia.

As importância das Oscilações ou Vibrações para a Física e para outras áreas também é destacada por NUSSENZVEIG (2002, P.39):

> Oscilações são encontradas em todos os campos da Física. Exemplos de sistemas mecânicos vibratórios incluem pêndulos, diapasões, cordas de instrumentos musicais e colunas de ar em instrumentos de sopro. A corrente elétrica alternada de que nos servimos é oscilatória, e oscilações da corrente em circuitos elétricos têm inúmeras aplicações importantes.

Assim, é possível afirmar que o docente, através do tema Vibrações, pode formar as conexões necessárias com outras áreas do conhecimento e assim realizar abordagens interdisciplinares.

A utilização de *softwares* de geometria dinâmica permite a modificação de parâmetros e a imediata modificação no gráfico da situação estudado. Segundo LORENÇO (2018, p.14):

> Pensar em uma aula de Matemática que acompanhe os avanços da tecnologia é pensar em diferentes possibilidades que permitam um dinamismo maior, uma resposta visual mais rápida e uma interação mais produtiva. Isso pode colaborar com o processo de ensino e aprendizagem.

Apesar de o contexto do estudo acima ser outro, é possível inferir utilização de *softwares* de geometria dinâmica também pode ser aplicada na interpretação de soluções de Equações Diferenciais Ordinárias, dado o dinamismo intrínseco no processo.

Considerando que o assunto possui importantes aplicações, a fundamentação Matemática para consequente análise do tema com o intuito de permitir que os estudantes possam singrar os próprios caminhos em estudos interdisciplinares de maneira autônoma. Sendo assim, a abordagem em tela foi elaborada com o escopo de modelar Vibrações Livres e Amortecidas além de apresentar interpretações, por meio do *software* GeoGebra, permitindo ao estudante a possibilidade de manipular as constantes que figuram no fenômeno.

2 Vibrações Não-Amortecidas

Os procedimentos para a resolução das Equações Diferenciais, que aparecerão ao longo da abordagem, são restritos ao cálculo de soluções de Equações Diferenciais Homogêneas de Segunda Ordem a Coeficientes Constantes e podem ser encontrados em [6] e [7].

O modelo de Vibrações Não-Amortecidas será a primeira situação abordada ao longo desse trabalho. Esse tipo de vibração é obtida quando um corpo de massa m está preso a uma mola, cuja constante elástica é igual a k, conforme a figura 1 abaixo.

Inicialmente, quando o corpo está na posição $x = 0$ o sistema está em equilíbrio. Um deslocamento de x unidades de comprimento para a

Figura 1: Bloco de massa m preso a uma mola de constante elástica k.

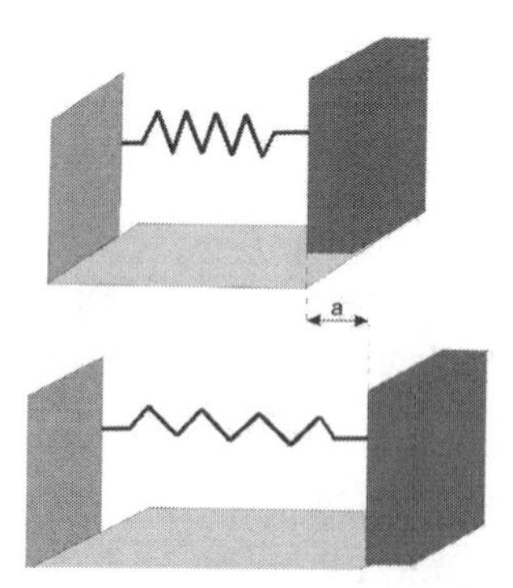

Fonte: Autoria própria.

direita implica na incidência de uma força resultante igual a $-kx$ e que será denotada por F_R. Através dos Fundamentos de Mecânica Básica é possível afirmar que a resultante das forças que atua no bloco de massa m é dada da seguinte forma:

$$m\frac{d^2x(t)}{dt^2} = -kx(t). \tag{1}$$

A notação utilizada na equação (1), apesar de parecer evidente, serve para evidenciar que x é função do tempo t e a partir de agora será omitida nas próximas equações. Dado que a massa $m \neq 0$, a divisão da equação (1) pode m fornece a seguinte equação:

$$\frac{d^2x(t)}{dt^2} - \frac{k}{m}x = 0. \tag{2}$$

Com o escopo de obter a posição do objeto em cada instante t faz-se necessário resolver o problema de valor inicial abaixo:

$$\begin{cases} \dfrac{d^2x(t)}{dt^2} - \dfrac{k}{m}x = 0, \\ x(0) = a, \\ \dfrac{dx(0)}{dt} = 0. \end{cases}$$

Vale destacar que a primeira condição imposta no problema pode ser interpretada da seguinte maneira: o objeto foi "puxado" até a posição correspondente a a unidades de comprimento da posição de equilíbrio. Já a segunda condição, derivada primeira igual a zero no instante inicial, refere-se ao fato de que o corpo é solto após ter sido "puxado" a unidades de comprimento da posição de equilíbrio.

A equação característica a ser utilizada para resolver o problema é a seguinte:

$$\lambda^2 + \frac{k}{m} = 0.$$

Vale destacar que pelo fato de o termo $\frac{k}{m} > 0$, a solução da equação característica será formada por raízes complexas conjugadas, ou seja,

$$\lambda = \pm\sqrt{\frac{k}{m}}i. \tag{3}$$

A solução geral do problema é dado da seguinte forma:

$$x(t) = C_1 \cos\left(\sqrt{\frac{k}{m}}t\right) + C_2 \operatorname{sen}\left(\sqrt{\frac{k}{m}}t\right). \tag{4}$$

Buscando determinar as constantes C_1 e C_2 serão utilizadas as condições iniciais, que constam no problema de valor inicial, e que agora serão agora utilizadas. Inicialmente, considerando $t = 0$ na (4), é imediato que:

$$x(0) = C_1 \cos\left(\sqrt{\frac{k}{m}}0\right) + C_2 \operatorname{sen}\left(\sqrt{\frac{k}{m}}0\right) = a, \tag{5}$$

ou ainda,

$$C_1 = a.$$

A derivada da (4) em relação a t fornece o seguinte[1]:

$$\frac{dx(t)}{dt} = \sqrt{\frac{k}{m}}\left[-C_1 \operatorname{sen}\left(\sqrt{\frac{k}{m}}t\right) + C_2 \cos\left(\sqrt{\frac{k}{m}}t\right)\right]. \tag{6}$$

[1]A Regra da Cadeia foi utilizada.

Considerando agora que o objeto foi solto a a unidades de distância da posição de equilíbrio, o que corresponde a $\frac{dx(0)}{dt} = 0$, segue que:

$$\frac{dx(0)}{dt} = \sqrt{\frac{k}{m}}\left[-C_1 \operatorname{sen}\left(\sqrt{\frac{k}{m}}0\right) + C_2 \cos\left(\sqrt{\frac{k}{m}}0\right)\right] = 0, \quad (7)$$

ou ainda,

$$\sqrt{\frac{k}{m}}C_2 = 0.$$

Na equação acima, dado que $\sqrt{\frac{k}{m}} \neq 0$, resta que $C_2 = 0$. Por fim, a solução para o problema de valor inicial é:

$$x(t) = a\cos\left(\sqrt{\frac{k}{m}}t\right).$$

A solução, da forma apresentada acima, busca explicitar os termos, m, k e a, que compõe a solução do Problema de Valor Inicial e que serão utilizados no programa criado no *software* GeoGebra.

3 A Vibração Amortecida

O caso em questão ocorre quando uma força de amortecimento passa a figurar no sistema. Essa força pode ser provocada por um amortecedor ou até pela resistência provocada pelo meio. O problema será inicialmente modelado e em seguida será resolvido o Problema de Valor Inicial.

3.1 Modelagem da Equação e Solução Geral

Considerando que um amortecedor foi adicionado ao sistema abordado para o caso da Vibração Não-Amortecida, e considerando ainda que ele provoca uma força, que aqui será denotada por F_A, proporcional à velocidade do

Figura 2: Bloco de massa m preso a uma mola de constante elástica k e um amortecedor.

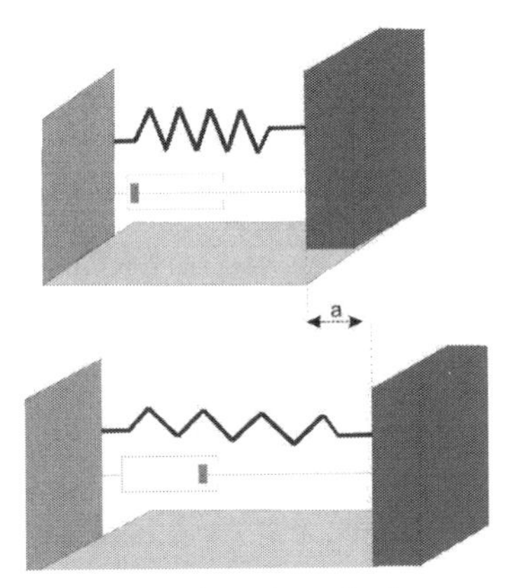

Fonte: Autoria própria.

corpo[2], é possível afirmar que a resultante das forças que atua no objeto é dada pela seguinte equação:

$$m\frac{d^2x(t)}{dt^2} = -F_R - F_A, \tag{8}$$

que, após a substituição em (8), fornece

$$m\frac{d^2x(t)}{dt^2} = -kx(t) - \alpha\frac{dx(t)}{dt}. \tag{9}$$

Considerando que $m \neq 0$ é possível fazer as modificações triviais e em seguida dividir a equação (9) por m, obtendo assim o seguinte resultado:

$$\frac{d^2x(t)}{dt^2} + \frac{k}{m}x(t) + \frac{\alpha}{m}\frac{dx(t)}{dt} = 0. \tag{10}$$

[2]A constante de proporcionalidade será denotada por α.

A partir de agora algumas serão feitas algumas identificações para uma melhor compreensão do problema. Sendo assim, a equação será reescrita da seguinte maneira:

$$\frac{d^2x(t)}{dt^2} + 2\left(\frac{\alpha}{2m}\right)\frac{dx(t)}{dt} + \frac{k}{m}x(t) = 0,$$

ou ainda,

$$\frac{d^2x(t)}{dt^2} + 2p\frac{dx(t)}{dt} + qx(t) = 0 \tag{11}$$

em que $p = \frac{\alpha}{2m}$ e $q = \frac{k}{m}$.

Abaixo, o Problema de Valor Inicial a ser resolvido para o caso em questão:

$$\begin{cases} \dfrac{d^2x(t)}{dt^2} + 2p\dfrac{dx(t)}{dt} + qx(t) = 0, \\ x(0) = a, \\ \dfrac{dx(0)}{dt} = 0. \end{cases}$$

Agora, a equação (11) pode ser resolvida através dos métodos já conhecidos para a resolução de equações desse tipo. A equação característica é

$$\lambda^2 + 2p\lambda + q = 0, \tag{12}$$

ou ainda,

$$\lambda^2 + 2\left(\frac{\alpha}{2m}\right)\lambda + \frac{k}{m} = 0, \tag{13}$$

retornando com os valores e p e q. A partir de agora, é necessário analisar a natureza das raízes da equação característica. Sendo assim, três casos podem ser considerados, são eles:

1. a equação característica possui raízes reais e distintas;

2. a equação característica possui raízes reais e iguais;

3. a equação característica possui raízes complexas conjugadas.

As condições acima são cumpridas quando Δ calculado para a equação característica for positivo, negativo ou nulo. Sendo assim, o primeiro passo para realizar a análise consiste no cálculo de Δ, conforme apresentado abaixo:

$$\Delta = 4\left(\frac{\alpha}{2m}\right)^2 - 4 \cdot 1\left(\frac{k}{m}\right)$$

ou

$$\Delta = 4\left[\left(\frac{\alpha}{2m}\right)^2 - \left(\frac{k}{m}\right)\right].$$

A avaliação do Δ dependerá então do seguinte fator:

$$\frac{\alpha^2}{4m^2} - \frac{k}{m}.$$

Portanto, caso a equação (11) apresente:

1. $\frac{\alpha^2}{4m^2} - \frac{k}{m} > 0$ as raízes da equação característica serão reais e distintas e sua solução será da forma:

$$x(t) = Ae^{\lambda_1 t} + Be^{\lambda_2 t}, \tag{14}$$

em que A e B são constantes e

$$\lambda_1 = \frac{-2\left(\frac{\alpha}{2m}\right) + \sqrt{4\left[\left(\frac{\alpha}{2m}\right)^2 - \left(\frac{k}{m}\right)\right]}}{2}$$
$$= -\left(\frac{\alpha}{2m}\right) + \sqrt{\left(\frac{\alpha}{2m}\right)^2 - \left(\frac{k}{m}\right)}, \tag{15}$$

e

$$\lambda_2 = \frac{-2\left(\frac{\alpha}{2m}\right) - \sqrt{4\left[\left(\frac{\alpha}{2m}\right)^2 - \left(\frac{k}{m}\right)\right]}}{2}$$
$$= -\left(\frac{\alpha}{2m}\right) - \sqrt{\left(\frac{\alpha}{2m}\right)^2 - \left(\frac{k}{m}\right)}. \tag{16}$$

2. $\frac{\alpha^2}{4m^2} - \frac{k}{m} = 0$, as raízes da equação característica serão reais e iguais, o que fornece a seguinte solução geral:

$$x(t) = Ce^{\lambda t} + Dte^{\lambda t}, \tag{17}$$

em que C e D são constantes e

$$\lambda = \frac{-2\left(\frac{\alpha}{2m}\right) + \sqrt{0}}{2} = -\frac{\alpha}{2m}. \tag{18}$$

3. $\frac{\alpha^2}{4m^2} - \frac{k}{m} < 0$ as raízes da equação característica serão complexas conjugadas e a solução geral será dada por:

$$x(t) = e^{rt}\left(E\cos(dt) + F\operatorname{sen}(dt)\right), \tag{19}$$

em que r, d são determinados a partir das soluções

$$\lambda_1 = \frac{-2\left(\frac{\alpha}{2m}\right) + \sqrt{4\left[\left(\frac{\alpha}{2m}\right)^2 - \left(\frac{k}{m}\right)\right]}}{2}$$
$$= -\left(\frac{\alpha}{2m}\right) + i\sqrt{\left(\frac{\alpha}{2m}\right)^2 - \left(\frac{k}{m}\right)}$$

e

$$\lambda_2 = \frac{-2\left(\frac{\alpha}{2m}\right) - \sqrt{4\left[\left(\frac{\alpha}{2m}\right)^2 - \left(\frac{k}{m}\right)\right]}}{2}$$
$$= -\left(\frac{\alpha}{2m}\right) - i\sqrt{\left(\frac{\alpha}{2m}\right)^2 - \left(\frac{k}{m}\right)},$$

sendo r a parte real enquanto que d é a parte imaginária da solução da equação característica, ou seja,

$$r = \frac{\alpha}{2m} \tag{20}$$

e

$$d = \sqrt{\left(\frac{\alpha}{2m}\right)^2 - \left(\frac{k}{m}\right)}. \tag{21}$$

3.2 Solução do Problema de Valor Inicial

A solução do Problema de Valor Inicial

$$\begin{cases} \dfrac{d^2x(t)}{dt^2} + 2p\dfrac{dx(t)}{dt} + qx(t) = 0, \\ x(0) = a, \\ \dfrac{dx(0)}{dt} = 0, \end{cases}$$

deve ser determinada através das soluções gerais determinadas na subseção anterior. Sendo assim, segue os casos que serão considerados:

1. A solução geral para o caso em que $\Delta > 0$ é:

$$x(t) = Ae^{\lambda_1 t} + Be^{\lambda_2 t}.$$

com A e B constantes e λ_1 e λ_2 dados de acordo com (15) e (16). Considerando inicialmente que $x(0) = a$, tem-se por (14) que

$$x(0) = Ae^{\lambda_1 0} + Be^{\lambda_2 0} = A + B,$$

ou seja,

$$A + B = a.$$

Agora, considerando a segunda condição que figura no Problema de Valor Inicial,

$$\frac{dx(0)}{dt} = 0,$$

é imediato que

$$\lambda_1 Ae^{\lambda_1 0} + \lambda_2 Be^{\lambda_2 0} = 0,$$

ou ainda,

$$\lambda_1 A + \lambda_2 B = 0.$$

Por fim, A e B serão determinados através da solução do sistema

$$\begin{cases} A + B = a, \\ \lambda_1 A + \lambda_2 B = 0, \end{cases}$$

que fornece os seguintes valores

$$A = \frac{-\lambda_2}{\lambda_1 - \lambda_2} a$$

e

$$B = \frac{\lambda_1}{\lambda_1 - \lambda_2} a.$$

Por fim, aplicando os valores acima na solução da equação (14), tem-se:

$$x(t) = -\frac{\lambda_2}{\lambda_1 - \lambda_2} a e^{\lambda_1 t} + \frac{\lambda_1}{\lambda_1 - \lambda_2} a e^{\lambda_2 t}$$

ou de forma compacta:

$$x(t) = \frac{a}{\lambda_1 - \lambda_2} \left(\lambda_1 e^{\lambda_2 t} - \lambda_2 e^{\lambda_1 t} \right). \tag{22}$$

2. A solução geral para o caso $\frac{\alpha^2}{4m^2} - \frac{k}{m} = 0$, é da seguinte forma:

$$x(t) = Ce^{\lambda t} + Dte^{\lambda t},$$

em que C e D são constantes e λ é dada por (18). Fixando inicialmente $x(0) = a$, é imediato que

$$x(0) = Ce^{\lambda 0} + D \cdot 0 \cdot e^{\lambda 0} = C,$$

isto é,

$$C = a.$$

Considerando agora que

$$\frac{dx(0)}{dt} = 0,$$

é obtém-se:

$$\frac{dx(0)}{dt} = \lambda C e^{\lambda \cdot 0} + D e^{\lambda \cdot 0} + D \cdot \lambda \cdot 0 e^{\lambda \cdot 0} = 0$$

o que acarreta

$$\lambda C + D = 0.$$

Logo, dado que $C = a$,

$$D = -\lambda a$$

e a solução do problema de valor inicial será dada por

$$x(t) = ae^{\lambda t} - \lambda ate^{\lambda t},$$

ou ainda,

$$x(t) = ae^{\lambda t}(1 - \lambda t). \tag{23}$$

3. A solução geral para o caso em que $\frac{\alpha^2}{4m^2} - \frac{k}{m} < 0$ é:

$$x(t) = e^{mt}(E\cos(dt) + F\operatorname{sen}(dt)),$$

em que E e F são constantes e r e d já foram apresentadas anteriormente nas equações (20) e (21), respectivamente. Sendo assim, dado que $x(0) = a$, é imediato que:

$$x(0) = e^{r\cdot 0}(E\cos(d\cdot 0) + F\operatorname{sen}(d\cdot 0)) = E,$$

daí $E = a$. Considerando agora que

$$\frac{dx(t)}{dt} = re^{rt}(E\cos(dt) + F\operatorname{sen}(dt)) \\ + e^{rt}(-Ed\operatorname{sen}(dt) + Fd\cos(dt)),$$

e que

$$\frac{dx(0)}{dt} = 0,$$

conforme apresentado no Problema de Valor Inicial, é possível concluir que

$$rE + Fd = 0.$$

Por fim, $Fd = -rE$, isto é, $F = \frac{-ra}{d}$ e a solução será

$$x(t) = e^{rt}\left(a\cos(dt) - \frac{ra}{d}\operatorname{sen}(dt)\right),$$

ou ainda,

$$x(t) = ae^{rt}\left(\cos(dt) - \frac{r}{d}\operatorname{sen}(dt)\right). \tag{24}$$

4 Análise e Interpretação das Soluções

As soluções que serão analisadas a partir de agora são referentes às Vibrações Livres e Vibrações Amortecidas apresentadas anteriormente. A análise a seguir será realizada através de três programas previamente elaborados no *software* GeoGebra, permitindo assim a análise das vibrações para diferentes valores de parâmetros como massa, m, constante elástica da mola, k, e constante de resistência do meio, α.

Ao longo da determinação das equações obtidas no texto, fica evidente o cuidado com a preservação de todos os termos nas soluções, isso ocorreu pois esses termos deverão ser identificados nas simulações que serão feitas a partir de agora. As simulações foram separadas em quatro casos.

4.1 Caso 1

A vibração livre será analisada através do comportamento gráfico de

$$x(t) = a \cos\left(\sqrt{\frac{k}{m}}t\right),$$

em que a é a posição inicial do bloco, k e m são a constante elástica da mola e a massa do bloco, respectivamente.

O programa, elaborado no *software* GeoGebra, permitirá a interpretação da solução para diferentes valores de k e de m e pode ser acessado através do endereço: `https://www.geogebra.org/m/fcs4xdqm`.

4.2 Caso 2

O caso em que $\Delta > 0$, abordado acima, gerou a seguinte solução:

$$x(t) = \frac{a}{\lambda_1 - \lambda_2}\left(\lambda_1 e^{\lambda_2 t} - \lambda_2 e^{\lambda_1 t}\right), \tag{25}$$

em que a é a posição inicial,

$$\lambda_1 = -\left(\frac{\alpha}{2m}\right) + \sqrt{\left(\frac{\alpha}{2m}\right)^2 - \left(\frac{k}{m}\right)}$$

e

$$\lambda_2 = -\left(\frac{\alpha}{2m}\right) - \sqrt{\left(\frac{\alpha}{2m}\right)^2 - \left(\frac{k}{m}\right)}.$$

O programa foi elaborado levando em consideração que os valores de α e também m e k, cujos valores podem ser inseridos na tela do programa. Para acessar o programa, basta clicar no *link* `https://www.geogebra.org/m/erc9teux`.

4.3 Caso 3

Já o caso em que $\Delta = 0$, gerou a seguinte solução:

$$x(t) = ae^{\lambda t}(1 - \lambda t), \tag{26}$$

em que a é a posição inicial e

$$\lambda = -\left(\frac{\alpha}{2m}\right),$$

conforme apresentado anteriormente. O programa, que pode ser acessado através do endereço eletrônico `https://www.geogebra.org/m/w7rrvsbk` e também foi elaborado levando em consideração que os valores de α, m e k podem variar, podendo o usuário escolher valores para diferentes simulações.

4.4 Caso 4

Por fim, o caso em que $\Delta < 0$, culminou na solução:

$$x(t) = ae^{rt}\left(\cos(dt) - \frac{r}{d}\operatorname{sen}(dt)\right), \tag{27}$$

em que a é a posição inicial e

$$r = \frac{\alpha}{2m}$$

e

$$d = \sqrt{\left(\frac{\alpha}{2m}\right)^2 - \left(\frac{k}{m}\right)},$$

de acordo com os cálculo realizados anteriormente. Conforme os casos anteriores, o programa, que pode ser acessado pelo *link* `https://www.geogebra.org/m/vqgfj8tf` também foi elaborado levando em consideração que os valores de α, m e k podem variar, de acordo com a necessidade do usuário escolher de gerar diferentes gráficos para situações escolhidas.

5 Considerações Finais

A importância da teoria das Equações Diferenciais na Engenharia, Biologia, Matemática e Física fica evidente quando soluções para problemas como o da determinação da linha elástica em uma viga, crescimento populacional, trajetórias ortogonais e resolução da Equação Diferencial que rege os circuitos elétricos simples podem ser obtidas por meio dessa teoria. Contudo, a modelagem dos problemas exige que o conhecimento específico da área esteja conciliado ao conhecimento matemática. Um exemplo disso é a Equação da Linha Elástica, essencial para a análise de vigas, cuja modelagem da equação só pode ser feita utilizando conceitos específicos de engenharia, em particular, os fundamentos de Resistência dos Materiais.

Conforme mencionado acima, a determinação da equação através da modelagem é essencial. Entretanto, analisar as diferentes situações que podem ser determinadas através das soluções encontradas torna possível avaliar o fenômeno de modo mais completo. Pensando nisso, uma seção do texto foi dedicada à interpretação dos gráficos obtidos para Vibrações Livre e Vibrações Amortecidas, permitindo ao estudante consiga avaliar os gráficos obtidos através das soluções que foram determinadas para cada um dos casos.

A simples apresentação do gráfico possui uma séria limitação, pois impossibilita o aluno de interagir e obter o gráfico para diferentes valores e assim tirar conclusões a respeito das variações feitas na interação. Assim, por exemplo, caso o aluno opte por diminuir a constante de proporcionalidade α no caso da Vibração Amortecida, curiosidade acerca da forma como o novo gráfico vai ser apresentado é natural e deve ser facilitada. Por isso, a interação entre o aluno e o computador permitirá que o estudante também seja protagonista no processo.

Por fim, dentre as vantagens da abordagem com o viés aqui apresentado destacam-se a modelagem seguida da implementação do tema em um *software* livre GeoGebra, programa que também pode ser utilizado por professores de Física. Além do caráter interativo aplicado na interpretação dos resultados, o programa ficou armazenado na área de Materiais do GeoGebra, para que os alunos e demais interessados possam ter a experiência de "manipular" as constantes que figuram nos problemas e assim formar suas próprias conclusões para cada caso.

Referências

[1] SIMMONS, G. B., *Cálculo com Geometria Analítica Volume 2.* São Paulo: Editora Pearson. (1988).

[2] MAURER, W. A., *Curso de Cálculo Diferencial e Integral Volume 4.* São Paulo: Editora Edgard Blucher. (1975).

[3] BRASIL. Parecer Parecer CNE/CES 1.304/2001 - Diretrizes Curriculares Nacionais para os Cursos de Física. Brasília: MEC, 2001. BRASIL.

[4] MOYSÉS, H., *Curso de Física Básica: Fluidos, Oscilações e Ondas, Calor.* 4. ed. São Paulo: Editora Edgard Blucher. (2022).

[5] LORENÇO, F., *GEOGEBRA: propostas de aulas para o ensino de Funções Matemáticas.* 2018. Trabalho de Conclusão de Curso. Especialização em Mídias na Educação. Universidade Federal do Rio Grande do Sul.

[6] PISKOUNOV, N., *Cálculo Diferencial e Integral, Volume 2.* Porto: Editora Lopes da Silva. (1997).

[7] ZILL, D. G., *Equações diferenciais: com aplicações em modelagem.* 2 ed. São Paulo: Cengage Learning. (2011).

EQUAÇÕES DIFERENCIAIS E SUA GRANDE RELEVÂNCIA EM OUTROS RAMOS DO CONHECIMENTO

Leonardo Rodrigues

1 Introdução

Entre as grandes ferramentas matemáticas para modelagem de fenômenos da natureza estão as equações diferenciais. "A grande relevância da matemática jaz no fato de que, além de sua vida própria como ciência, com suas teorias e seus problemas, ela tem a característica ímpar de poder penetrar, como uma arma importante e, às vezes, imprescindível em muitos outros ramos do conhecimento humano"(Figueiredo, 2010, p. 5). Como podemos ver, nosso papel enquanto professor é mostrar para os nossos alunos o verdadeiro significado do que estar sendo ensinado e o quão é importante estabelecer relações com outras áreas, tornando o processo de aprendizagem mais natural e significativo. Sabemos que a origem de muitas ideias importantes em Matemática pode ser creditada, em última análise, a ideias desenvolvidas exclusivamente do ponto de vista das aplicações. Por outro lado, resultados criados no interesse da própria Matemática frequentemente se tornam importantes em aplicações. A História tem se encarregado de mostrar que a boa matemática sempre tem suas chances nas aplicações (ou talvez seja esse um critério de qualidade) Bassanezi (1988).

Joseph Fourier (1768-1830), um eminente físico francês do início do século XIX, cuja contribuição para a compreensão da teoria da transmissão do calor foi decisiva, considerava a Matemática apenas como um instrumento para descrever a natureza. Entretanto, o impacto das chamadas "séries de Fourier", não bastando a importância crucial dessas séries em Engenharia e Física, têm sido particularmente sentido em alguns dos mais "puros" ramos da Matemática. Por outro lado o matemático inglês Arthur Cayley (1821-1895), que era essencialmente um algebrista puro, acreditava que a teoria das matrizes, por ele criada, nunca seria aplicável a algo útil (e se contentava com isso) Boyer (1974). Essa teoria é hoje um instrumento diário de trabalho de engenheiros, físicos, economistas e estatísticos. O estudo das matrizes (sua álgebra e suas aplicações) é matéria básica desde o segundo grau escolar. Com o grande desenvolvimento dos computadores, que hoje apresentam altas velocidades de operações, enormes capacidades de armazenamento de informações matemáticas e grande precisão nos cálculos efetuados, vários procedimentos teóricos em teoria de matrizes, que na época foram deixados de lado em virtude das dificuldades nas manipulações algébricas, hoje são realizadas com grande facilidade pelas máquinas. Sem fala na extraordinária ferramenta de busca da internet, o Google, que têm suas bases teóricas no Teorema de Perron, que a princípio foi criado para não ter nenhuma serventia.

As Equações Diferenciais (ED) constituem seguramente o ramo da matemática que tem experimentado maior interação e proximidade com outras ciências desde a origem mesmo do Cálculo Diferencial e Integral e da Mecânica Clássica até o conhecimento mais contemporâneo da Física, Química, Engenharia, Biologia, Economia, Saúde e Ciências do Comportamento. Essa interação bem sucedida entre a Matemática e a Ciência em geral, tendo as ED como elemento de interação, tem conferido um fantástico desenvolvimento, especialmente nos últimos cinqüenta anos, à teoria, constituindo-se hoje em um dos mais ricos ramos do conhecimento matemático, não somente do ponto de vista do desenvolvimento das teorias matemáticas intrínsecas ao estudo, como também pelas ferramentas que fornece para o exercício das atividades científicas e tecnológicas em áreas como as descritas anteriormente.

A questão da representação de um problema real em sua forma exata, considerando toda a sua complexidade por um modelo matemático é, em geral, muito difícil de se conseguir. As dificuldades se apresentam de diversas formas. Primeiro aparece o problema da identificação de todas as variáveis envolvidas no fenômeno, em seguida surge a questão de se encontrar as relações entre as variáveis (o que efetivamente conduz às equações matemáticas) e, finalmente, surge a questão da resolução propriamente dita das equações. No entanto, se considerarmos as variáveis *essenciais* do fenômeno observado, o modelo matemático que simula tal fenômeno poderá conduzir a soluções bem próximas daquelas observadas na realidade. Na modelagem de um fenômeno ou um experimento qualquer, obtém-se equações que envolvem as variações das quantidades presentes e definidas como essenciais. Assim, as leis que regem o fenômeno são traduzidas em termos de equações de variações. Quando o fenômeno se desenvolver continuamente, ou pode ser considerado aproximadamente dessa natureza, podemos determinar variações instantâneas através de um processo de passagem ao limite e as equações resultantes são *equações diferenciais*.

Uma equação diferenciais onde a incógnita é uma função y de uma variável t, chama-se Equação Diferencial Ordinária. Muitas leis gerais da Física, Biologia e Economia têm sua expressão natural como equações ou sistemas deste tipo. O estudo das Equações Diferenciais Ordinárias (EDO) começou com os métodos do Cálculo Diferencial e Integral, sistematizados por Newton e Leibnitz por volta do final do século XVII e elaborados a partir de motivações físicas e geométricas. Esses métodos evoluiram e conduziram à consolidação das EDO como um campo independente dentro da Matemática. A teoria das EDO se destingue tanto por sua riqueza de ideias e métodos como por sua aplicabilidade.

As equações diferenciais que envolvem funções de várias variáveis e suas derivadas são conhecidas como Equações Diferencias Parcias (EDP). Estas equações são responsáveis por muitas aplicações em diferentes áreas naturais, saúde e tecnológicas. Os modelos epidemiológicos do tipo comportamental SIQ (Suscetíveis — Infecciosos — Recuperados) são exemplos claros da importância das ferramentas matemáticas.

2 Equações Diferenciais

Como foi mencionado anteriormente, em matemática, uma equação diferencial é uma equação cuja incógnita é uma função que aparece na equação sob a forma das respectivas derivadas e ou suas derivadas parciais.

As equações diferenciais dividem-se em dois tipos:

- Uma equação diferencial ordinária (EDO) contém apenas funções de uma variável e derivadas daquela mesma variável,

$$F(t, y, y', y'', \ldots, y^{(n)}) = 0.$$

Exemplo:

$$yy'' - \text{sen}(t)y' + e^t = 0.$$

- Uma equação diferencial parcial (EDP) é uma equação envolvendo duas ou mais variáveis independentes $x, y, z, t, \ldots$ e derivadas parciais de uma função $u = u(x, y, z, t, \ldots)$. De maneira mais precisa, uma EDP em n Variáveis independentes $x_1, x_2, x_3, \ldots$ é uma equação da forma

$$F\left(x_1, \ldots, x_n, u, \frac{\partial u}{\partial x_n}, \frac{\partial^2 u}{\partial x_1^2}, \ldots, \frac{\partial^2 u}{\partial x_1 \partial x_n}, \ldots, \frac{\partial^k u}{\partial x_n^k}\right) = 0,$$

onde $x = (x_1, x_2, x_3, \ldots, x_n) \in \Omega$, Ω é um subconjunto aberto de $\mathbb{R}^n$.
Exemplo:

$$\frac{\partial u}{\partial t} + u\frac{\partial u}{\partial x} = \mu\frac{\partial^2 u}{\partial x^2}.$$

Equações diferenciais têm propriedades intrinsecamente interessantes como:

- solução pode existir ou não;
- caso exista, a solução é única ou não;
- a ordem da equação diferencial é a ordem da derivada de maior grau que aparece na equação;
- solução de uma equação diferencial de ordem n, conterá n constantes.
- as ED podem ser lineares e não lineares.

2.1 Alguns exemplos de Aplicações

- QUÍMICA — Modelo radioativo:

$$-\frac{dN(t)}{dt} = \lambda N.$$

O fenômeno da desintegração espontânea do núcleo de um átomo com a emissão de algumas radiações é chamado de radioatividade;

- DINÂMICA DE POPULAÇÕES — Aplicação em Biologia, Ecologia, Medicina, Economia, etc.:

$$\frac{dy}{dt} = f(y).$$

Equações autônomas são úteis para determinar o crescimento ou declínio populacional de uma dada espécie e os seus pontos críticos.

- ENGENHARIA — Modelo de Timoshenko:

$$\begin{cases} \rho_1\varphi_{tt} - \kappa(\varphi_x + \psi)_x = 0, \\ \rho_2\psi_{tt} - b\psi_{xx} + \kappa\left(\varphi_x + \psi\right) = 0. \end{cases}$$

O modelo leva em consideração a deformação por cisalhamento e os efeitos rotacionais da flexão, tornando-o adequado para descrever o comportamento de vigas espessas.

- ECONOMIA — Modelo de Black & Sholes:

$$\frac{\partial c}{\partial t} + rS\frac{\partial c}{\partial S} + \frac{\sigma^2 S^2}{2}\frac{\partial^2 c}{\partial S^2} - rc = 0.$$

São as ferramentas mais utilizadas por operadores do mercado financeiro para precificação de ativos não direcionais, ou seja, projeta uma estimativa teórica do preço de mediante uma ação de mercado.

- BIOLOGIA — Modelo de Lotka-Volterra:

$$\begin{cases} \dfrac{dx}{dt} = x\left(\alpha - \beta y\right), \\ \dfrac{dy}{dt} = y\left(\delta x - \gamma\right). \end{cases}$$

Na matemática, as equações de Lotka-Volterra são um par de equações diferenciais, não lineares e de primeira ordem, frequentemente utilizadas para descrever dinâmicas nos sistemas biológicos, especialmente quando duas espécies interagem: uma como presa e outra como predadora.

- FÍSICA — Modelo da Equação da onda. Aplicação em Física, Química, Engenharia Nuclear, Arqueologia, Geologia, etc.:

$$\frac{\partial^2 u}{\partial t^2} = c^2 \nabla^2 u.$$

A equação da onda é uma equação diferencial parcial linear de segunda ordem importante que descreve a propagação das ondas.

- SAÚDE — Modelo epidemiológicos (SIR):

$$\begin{cases} S'(t) = \lambda(t)S, \\ I'(t) = \lambda(t)S - \mu I, \\ R'(t) = \mu I. \end{cases}$$

Um modelo de epidemia é uma forma simplificada de descrever a transmissão de doenças transmissíveis através de indivíduos.

3 Modelos matemáticos para doenças infecciosas

Neste seção iremos descrever o esquema básico do modelo compartimental SIQR, um tipo de sistema de equações matemática que estuda a propagação de doenças infecciosas.

Muitos modelos desenvolvidos para a propagação de doenças infecciosas em populações tem sido analisados matematicamente e aplicados para o estudo de doenças específicas. Neste sentido, os modelos matemáticos se tornam ferramentas importantes no estudo da disseminação e controle de doenças infecciosas. Com esses modelos podemos fazer suposições e estabelecer parâmetros dos quais nos retornam resultados satisfatórios acerca de limites máximo de infecção, números básicos de reprodução, além de resultados conceituais. Usando softwares computacionais adequados teremos ferramentais úteis que nos auxiliam no teste de teorias e validação conjecturas estatísticas sobre a quantidade de possíveis números de caso de infecção por determinada doença contagiosa. Nos ajudam a responder perguntas específicas, determinando sensibilidades a mudanças nos valores dos parâmetros e a conseguir boas estimativas de parâmetros a partir de dados coletados, além de nos fornecer informações sobre as características de transmissão dessas doenças em comunidades, regiões e países. De posse desses resultados, pode-se traça uma melhor estratégia para diminuir a transmissão, fazendo-se uma comparação, planejamento, avaliação e consequentemente uma melhora no diagnóstico de casos positivos dessas doenças, assim como um prevenção efetiva e um posterior controle de disseminação. Segundo Hethcote (2000) a modelagem epidemiológica pode contribuir para o desenho e análise de pesquisas epidemiológicas, sugerir que dados cruciais devem ser coletados, identificar tendências, fazer previsões gerais e estimar as incertezas nas previsões.

Muitos modelos atuais foram desenvolvidos levando-se em conta várias características, tais como: existência de vacina para doença, estágios de infecção, imunidade adquirida pela doença, faixa etária, tipos de transmissão, vetores de doenças, quarentena, etc. Há também modelos especiais que foram formulados para doenças como sarampo, rubéola, varicela, tosse convulsa, difteria, varíola, malária, oncocercose, filariose, raiva, gonorréia. herpes, sífilis e HIV / AIDS, ainda segundo Hethcote (2000). Em se tratando de uma doença nova a comunidade científica ainda não dispõe de dados concretos sobre a COVID-19 em relação a vacinação, reinfecção, imunidade adquirida e outras especificidades.

Para deixar mais claro a importância do uso desses modelos matemáticas dentro da área da saúde, iremos apresentar alguns cenários de propagação da COVID-19 no município de Codó no estado do Maranhão. Este resultados podem ser analisados com mais detalhes no trabalho de Rodrigues (2020). Sendo assim o modelo matemático que iremos usar não levar em consideração casos de reinfecção e a existência de uma vacina contra a doença, exceto em uma situação hipotética com fins didáticos que iremos realizar na seção. Vejamos o esquema no diagrama a seguir, onde cada compartimento se refere a uma parte da população da cidade de Codó — a parcela dos indivíduos suscetíveis à COVID-19 é denotada $S(t)$, a dos infecciosos $I(t)$, a dos isolados $Q(t)$, a parte da população que se recuperou após a COVID-19 é denotada $R(t)$.

Figura 1: Fluxo Dinâmico.

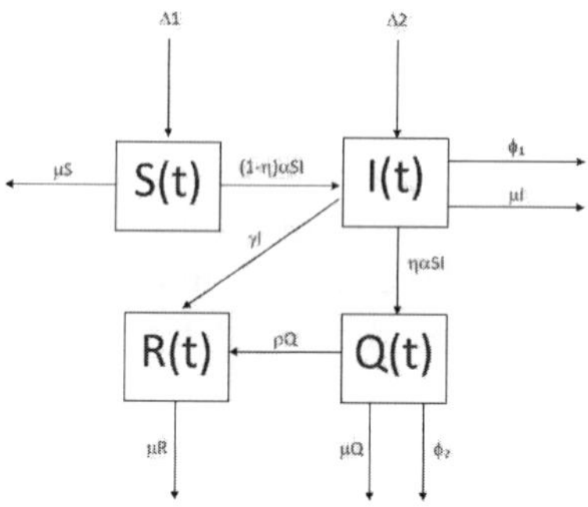

Fonte: Autoria própria.

Tabela 1: Parâmetros do Modelo.

Variável	Definição
N	Tamanho da População
t	Tempo em dias
α	Taxa de transmissão da doença
γ	Taxa de recuperação não-hospitalar
μ	Taxa de mortalidade natural
ϕ_1	Taxa de mortalidade devida ao Covi-19
ϕ_2	Taxa de mortalidade devida ao Covid-19 sobre indivíduos isolados
ρ	Taxa de recuperação
η	Taxa de isolamento de indivíduos infecciosos
Δ_1	Taxa de recrutamento de novos suscetíveis sadios
Δ_2	Taxa de recrutamento de novos suscetíveis infecciosos
R_0	Taxa de reprodução do número de indivíduos infecciosos

Fonte: Autoria própria.

A população total $N(t)$ é quantificada por:

$$N(t) = S(t) + I(t) + Q(t) + R(t), \tag{1}$$

e o modelo descrito na figura 1 corresponde ao seguinte sistema de equações diferenciais ordinárias:

$$\frac{dS}{dt} = \Delta_1 - \alpha SI - \mu S, \tag{2}$$

$$\frac{dI}{dt} = \Delta_2 + (1 - \phi_1)(1 - \eta)\alpha SI - (\gamma + \mu) I, \tag{3}$$

$$\frac{dQ}{dt} = (1 - \phi_1)\eta\alpha SI - (\rho + \mu) Q, \tag{4}$$

$$\frac{dR}{dt} = (\phi_1 (1 - \eta) + \phi_2\eta)\alpha SI + \rho Q + \gamma I - \mu R. \tag{5}$$

As equações (2)—(5) descrevem a dinâmica de propagação de doenças infecciosas. Usando a terminologia apresentada anteriormente, podemos ver que a incidência horizontal mostrada na figura 1 é a taxa de infecção de indivíduos suscetíveis por meio de contatos com os infecciosos se dá segundo a taxa de αI. A quantidade de indivíduos suscetíveis sadios infectados em intervalo de tempo é dada por αSI. Esses indivíduos infectados, agora vetores em potencial da doença, passam para o compartimento $I(t)$ a uma taxa de $(1 - \eta)\alpha SI$. Para os indivíduos que estão no compartimento $I(t)$ teremos dois tipos de incidências verticais. Primeiro, podem passar para o compartimento $Q(t)$, dos indivíduos isolados que não irão transmitir a doença, com uma taxa de $\eta\alpha SI$. Segundo, podem passar para o compartimento $R(t)$ de indivíduos recuperados a uma taxa de γI.

3.1 Cenário de propagação considerando o isolamento social da população

Para este cenário iremos seguir a mesma metodologia de Bitar (2020). Vamos considerar projeções futuras para 60 e 120 dias. Pesquisamos três situações possíveis quando o parâmetro q sofre mudanças, vejamos:

- $q = 0,2$; assumindo esse valor estamos considerando que apenas 20% da população está isolada em seus domicílios. O qual chamamos de "Isolamento limitado da população" gráfico azul nas figuras 2 e 3.
- $q = 0,5$; assumindo esse valor estamos considerando que apenas 50% da população está isolada em seus domicílios. O qual chamamos de "Isolamento mediano da população" gráfico laranja nas figuras 2 e 3.
- $q = 0,9$; assumindo esse valor estamos considerando que apenas 90% da população está isolada em seus domicílios. O qual chamamos de "Isolamento amplo da população" gráfico verde nas figuras 2 e 3.

Para projeção desses cenários consideramos a taxa de isolamento de indivíduos infecciosos η controlada no valor de 20%, o pior cenário possível, fazendo varia apenas a taxa de controle de isolamento da população suscetível. Neste cenário é possível observar que o índice de contágio nos primeiros 60 dias é crescente, veja figura 2. O pico de contágio da doença ocorrerá aproximamente no 95° dia com cerca de 6.300 casos, veja figura 3.

Figura 2: Casos de infectados *vs* taxa de isolamento em um intervalo de tempo de 60 dias.

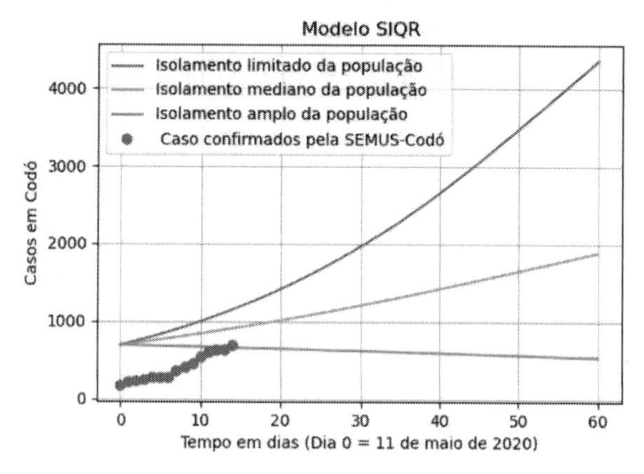

Fonte: Autoria própria.

Figura 3: Casos de infectados *vs* taxa de isolamento em um intervalo de tempo de 120 dias.

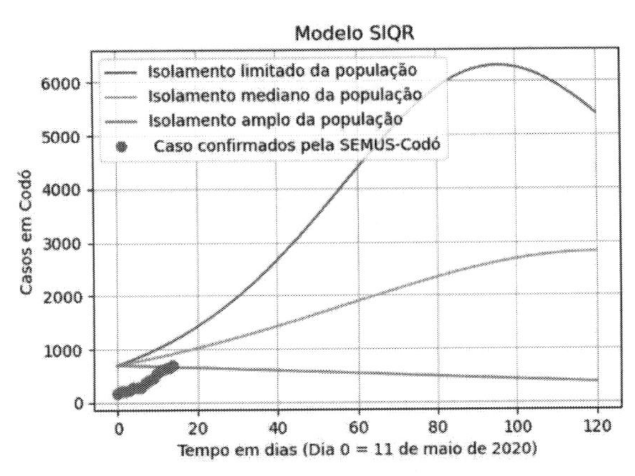

Fonte: Autoria própria.

Referências

[1] BAO, L. & OTHERS. 2020. Reinfection could not occur in SARS-CoV-2 infected rhesus macaques. doi:10.1101/2020.03.13.990226.

[2] BAUD, D.; QI, X.; NIELSEN-SAINES, K.; MUSSO, D.; POMAR, L. & FAVRE G. 2020. Real estimates of mortality following COVID-19 infection. The Lancet Infectious Diseases doi:10.1016/S1473- 3099(20)30195-X.

[3] BASSANESI, R. & CASTRO FERREIRA, W., *Equações Diferenciais com Aplicações,* Habra, (1988).

[4] BITAR, S. & STEINMETZ, W.A. 2020. Scenarios for the Spread of COVID-19 in Manaus, Northern Brazil. An Acad Bras Cienc 92: e20200615. DOI 10.1590/0001-3765202020200615.

[5] BOYCE, W.E. & DIPRIMA, R.C., *Equações Diferenciais Elementares e Problemas de Valores de Contorno,* Guanabara Dois, (1979).

[6] BOYER, C.B. *História da Matemática*, Edgard Blücher, (1974).

[7] CHOI, S. & KI, M. Estimating the reproductive number and the outbreak size of COVID-19 in Korea. Epidemiology and Health 42. doi:10.4178/epih.e2020011. Published online: March 12, 2020.

[8] FIGUEIREDO, D.G. & NEVES, A.F. Equações Diferenciais Aplicadas, Coleção Projeto Euclides, IMPA, 2010.

[9] HETHCOTE, H.W. "The Mathematics of Infectious Diseases". SIAM Review 42 (4): 769–774, 2000.

[10] RODRIGUES, L.R. COVID-19: Cenários de propagação no município de Codó-MA, preprint, 2020.

PÍLULAS SOBRE SOLUÇÕES NUMÉRICAS DE PVI SIMPLES

Cleber Araújo Cavalcanti

1 Introdução

A proposta deste trabalho é apresentar de forma resumida e lúcida algumas formas de resolver numericamente problemas de valores iniciais associados a equações diferenciais ordinárias, lineares ou não,

$$\left| \begin{array}{l} y^{(N)} = f(x, y, y', \ldots, y^{(N-1)}), \\ y(x_0) = y_0, \\ y'(x_0) = y_1, \\ \qquad \vdots \\ y^{(N-1)}(x_0) = y_{N-1}, \end{array} \right.$$

além de representar graficamente tais soluções. São apresentados códigos em linguagem Python versão 3 que estão presentes em nossas disciplinas desde 2019.

Considere a equação diferencial ordinária de ordem N

$$y^{(N)} = f(x, y, y', \ldots, y^{(N-1)}), \tag{1}$$

e as N condições iniciais dadas sobre o ponto inicial $x = x_0$

$$y(x_0) = y_0, y'(x_0) = y_1, \ldots, y^{(N-1)}(x_0) = y_{N-1}. \tag{2}$$

Definição 1. Um *problema de valores iniciais* (PVI) é o problema composto pela EDO (1) de ordem N e pelas N condições iniciais (2) dadas sobre $x = x_0$

$$\left| \begin{array}{l} y^{(N)} = f(x, y, y', \ldots, y^{(N-1)}), \\ y(x_0) = y_0, \\ y'(x_0) = y_1, \\ \quad \vdots \\ y^{(N-1)}(x_0) = y_{N-1}. \end{array} \right. \tag{3}$$

Mas antes de buscar soluções numéricas para o PVI é preciso entender que essas aproximam, em algum sentido, a solução do PVI.

Definição 2. Uma *solução* para o PVI (3) é qualquer função $\varphi : I \to \mathbb{R}$ definida sobre algum intervalo I contendo o ponto $x = x_0$ que satisfaça a EDO em cada ponto $x \in I$ e as condições iniciais sobre $x = x_0$.

Assim, é necessário que a solução do PVI exista e seja única sobre um intervalo contendo o ponto x_0.

2 Existência e unicidade

A fim de aplicar teoremas clássicos quanto existência e unicidade de soluções para EDO de primeira ordem, considere a mudança de variáveis

$$Y_1 := y, \; Y_2 := y', \; Y_3 := y'', \; \ldots, \; Y_N := y^{(N-1)},$$

a qual permite construir a função incógnita vetorial

$$Y := [Y_1 \; Y_2 \; \cdots \; Y_N]^\top$$

gozando das propriedades

$$Y' = \frac{d}{dx}\begin{bmatrix} Y_1 \\ Y_2 \\ \vdots \\ Y_N \end{bmatrix} = \frac{d}{dx}\begin{bmatrix} y \\ y' \\ \vdots \\ y^{(N-1)} \end{bmatrix} = \begin{bmatrix} y' \\ y'' \\ \vdots \\ y^{(N)} \end{bmatrix}$$

$$= \begin{bmatrix} Y_2 \\ Y_3 \\ \vdots \\ f(x, Y_1, Y_2, \ldots, Y_N) \end{bmatrix} =: F(x, Y), \quad (4)$$

em que a função F depende de x e de Y — pois o vetor anterior que a define depende de x e das componentes da função Y — e, para o ponto inicial $x = x_0$,

$$Y(x_0) = \begin{bmatrix} Y_1(x_0) \\ Y_2(x_0) \\ \vdots \\ Y_N(x_0) \end{bmatrix} = \begin{bmatrix} y(x_0) \\ y'(x_0) \\ \vdots \\ y^{(N-1)}(x_0) \end{bmatrix} = \begin{bmatrix} y_0 \\ y_1 \\ \vdots \\ y_{N-1} \end{bmatrix} =: Y_0\,. \quad (5)$$

Portanto, o PVI (3) associado a uma EDO de ordem N com incógnita escalar transforma-se em um PVI associado a uma EDO de primeira ordem com incógnita vetorial

$$\left|\begin{array}{l} Y' = F(x, Y), \\ Y(x_0) = Y_0. \end{array}\right. \quad (6)$$

Mas, com a alteração da natureza do problema, faz-se necessário explicar o que signifca resolvê-lo.

Definição 3. Uma *solução* para o PVI (6) é qualquer função $\Phi : I \to \mathbb{R}^N$ definida sobre algum intervalo I contendo o ponto $x = x_0$ que satisfaça a EDO em cada ponto $x \in I$ (ou seja, $\Phi'(x) = F(x, \Phi(x))$, qualquer que seja $x \in I$) e a condição inicial sobre $x = x_0$ (ou seja, $\Phi(x_0) = Y_0$).

Os teoremas a seguir revelam condições que devem ser verificadas pela função vetorial F (e consequentemente, pela função escalar f) para garantir a existência e a unicidade de soluções.

Teorema 4 (Cauchy-Peano). *Considere* $F : (x,Y) \in \Omega \mapsto F(x,Y) \in \mathbb{R}^N$ *supondo que* $\Omega \subseteq \mathbb{R} \times \mathbb{R}^N$ *seja um conjunto aberto conexo e* $(x_0, Y_0) \in \Omega$. *Se* F *for contínua sobre* Ω, *então existe pelo menos uma solução* Φ *para o PVI* (6) *definida sobre algum intervalo compacto contendo* $x = x_0$.

Demonstração: Consulte (HALE, 1980), (CODDINGTON; LEVINSON, 1984), (DOERING; LOPES, 2005) ou (MILLER; MICHEL, 2007). □

O Teorema de Cauchy-Peano (teorema 4) garante a existência de soluções para o PVI (6) supondo que a função F seja contínua sobre Ω. Mas, para que F seja contínua sobre Ω é preciso que a função f seja contínua sobre um conjunto aberto $\tilde{\Omega} \supseteq \Omega$. Por construção, a primeira componente da solução Φ para o PVI (6) é uma solução φ para o PVI (3).

Observação 5. Sob condições menos restritivas para a função F (e consequentemente, com os devidos ajustes, para f), porém exigindo maior conhecimento matemático, o Teorema de Carathéodory garante existência de soluções em um sentido mais amplo. Para o arcabouço teórico necessário, o enunciado e a demonstração do Teorema de Carathéodory consulte (CODDINGTON; LEVINSON, 1984).

A fim de garantir a unicidade das soluções do PVI (5) acrescenta-se à função F uma hipótese:

Teorema 6 (Picard-Lindelöf). *Considere* $F : (x,Y) \in \Omega \mapsto F(x,Y) \in \mathbb{R}^N$ *supondo que* $\Omega \subseteq \mathbb{R} \times \mathbb{R}^N$ *seja um conjunto aberto conexo e* $(x_0, Y_0) \in \Omega$. *Se* F *for contínua sobre* Ω *e lipschitziana na variável* Y *sobre um compacto* $[x_0 - a, x_0 + a] \times \bar{B}_b(Y_0) \subseteq \Omega$ *(*i.e., $\exists\, \lambda > 0$ *de modo que* $\|F(x,Y) - F(x,\tilde{Y})\|_{\mathbb{R}^N} \leq \lambda \|Y - \tilde{Y}\|_{\mathbb{R}^N}$ *para quaisquer pares* $(x,Y), (x,\tilde{Y})$ *em* $[x_0 - a, x_0 + a] \times \bar{B}_b(Y_0)$ *), então existe uma única solução* Φ *para o PVI* (6) *definida sobre algum intervalo compacto contendo* $x = x_0$.

Para que F seja lipschitziana sobre um compacto $[x_0 - a, x_0 + a] \times \bar{B}_b(Y_0) \subseteq \Omega$ é necessário que f seja lipschitziana sobre um compacto K contido em $\tilde{\Omega}$ que contenha o compacto $[x_0 - a, x_0 + a] \times \bar{B}_b(y_0, y_1, \ldots, y_{N-1}) \subset \Omega$, ou seja, $\exists\lambda > 0$ de modo que

$$\|f(x, \mathbf{y}_0, \mathbf{y}_1, \ldots, \mathbf{y}_{N-1}) - f(x, \tilde{\mathbf{y}}_0, \tilde{\mathbf{y}}_1, \ldots, \tilde{\mathbf{y}}_{N-1})\|_{\mathbb{R}^N} \leq \lambda \sum_{j=1}^{N} |\mathbf{y}_{j-1} - \tilde{\mathbf{y}}_{j-1}|$$

para quaisquer $(x, \mathbf{y}_0, \mathbf{y}_1, \ldots, \mathbf{y}_{N-1})$, $(x, \tilde{\mathbf{y}}_0, \tilde{\mathbf{y}}_1, \ldots, \tilde{\mathbf{y}}_{N-1}) \in K$.

Assim, se f for contínua sobre um aberto $\tilde{\Omega} \subseteq \mathbb{R} \times \mathbb{R}^N$ contendo $(x_0, y_0, y_1, \ldots, y_{N-1})$ e for lipschitziana sobre um compacto $K = [x_0 - a, x_0 + a] \times \bar{B}_b(y_0, y_1, \ldots, y_{N-1}) \subset \tilde{\Omega}$ com $(x, y_0, y_1, \ldots, y_{N-1}) \in K$ existe uma única solução φ definida sobre um intervalo compacto contendo $x = x_0$ para o PVI (3).

3 Soluções Numéricas

Antes de tratar das soluções numéricas, considere o problema de valor inicial para o qual a EDO associada é de primeira ordem não linear travestindo-se de extrema bucolicidade

$$\left| \begin{array}{l} y' = x - y^2, \\ y(0) = 1. \end{array} \right. \tag{7}$$

Observe que a função $f : (x, y) \in \mathbb{R} \times \mathbb{R} \mapsto x - y^2 \in \mathbb{R}$ é contínua sobre $\mathbb{R} \times \mathbb{R}$ e lipschitziana sobre $\mathbb{R}$ na variável y.

Os teoremas de Cauchy-Peano (teorema 4) e de Picard-Lindelöf (teorema 6) garantem que existe uma solução para o PVI (7) e também que esta solução é única. Por outro lado, apesar da simplicidade da equação, como obter a solução do PVI (7)? Note que as técnicas elementares falham:

1) A EDO associada ao PVI (7) pode ser classificada como uma equação do tipo Riccati mas não há uma solução particular que salte aos olhos para aplicar a técnica de redução ao caso linear;

2) Por meio de um fator integrante, pode-se transformar esta EDO em outra que seja exata, mas a busca pelos tipos mais imediatos de fator integrante também falham, restando resolver a EDP para o fator integrante a qual não tem solução imediata.

Com alguma dose de criatividade a EDO em tela pode ser transformada em uma equação de Airy (classificada como linear de segunda ordem com coeficientes variáveis), e resolvê-la por meio de uma série de potências em torno de $x_0 = 0$, a qual, retornando à incógnita original resulta em

$$y(x) = \frac{\Gamma\left(\frac{1}{3}\right)^{-1} \sum_{n=1}^{\infty} \frac{3^n \Gamma\left(n+\frac{1}{3}\right)}{(3n-1)!} x^{3n-1} + \Gamma\left(\frac{2}{3}\right)^{-1} \sum_{n=0}^{\infty} \frac{3^n \Gamma\left(n+\frac{2}{3}\right)}{(3n)!} x^{3n}}{\Gamma\left(\frac{1}{3}\right)^{-1} \sum_{n=0}^{\infty} \frac{3^n \Gamma\left(n+\frac{1}{3}\right)}{(3n)!} x^{3n} + \Gamma\left(\frac{2}{3}\right)^{-1} \sum_{n=0}^{\infty} \frac{3^n \Gamma\left(n+\frac{2}{3}\right)}{(3n+1)!} x^{3n+1}} \tag{8}$$

como a solução do PVI (7).

A cada problema diferente não se pode aguardar *un coup de chance* a fim de que um artifício seja descoberto para obter a solução garantida pelos teoremas 4 e 6. Esse é um dentre vários motivos que justificam a busca por soluções numéricas que aproximem-se da solução do PVI (3).

3.1 Soluções numéricas por discretização

Daqui em diante são assumidas as hipóteses de que a função f é contínua sobre um conjunto $\Omega \subseteq \mathbb{R} \times \mathbb{R}^N$ aberto conexo com $(x_0, y_0, y_1, \ldots, y_{N-1}) \in \Omega$ e seja lipschitziana sobre um conjunto compacto

$$K = [x_0 - a, x_0 + a] \times \overline{B}_b\left(y_0, y_1, \ldots, y_{N-1}\right) \subset \Omega$$

com $(x_0, y_0, y_1, \ldots, y_{N-1}) \in K$, atendendo às hipóteses dos teoremas 4 e 6, garantindo a existência e a unicidade de soluções sobre um intervalo compacto contendo $x = x_0$ para o PVI (3) e equivalentemente para o PVI (6), doravante denotadas respectivamente por φ e Φ.

Definição 7. Considere um intervalo compacto $[\alpha, \omega]$ não degenerado ($\alpha < \omega$). Uma *partição* para $[\alpha, \omega]$ é qualquer lista ordenada finita $\{x_j\}_{j=0}^{n}$ estritamente crescente satisfazendo

$$\alpha = x_0 < x_1 < \cdots < x_{n-1} < x_n = \omega .$$

Cada ponto x_j da partição $\{x_j\}_{j=0}^{n}$ é um *nó, ponto de rede* ou *ponto de malha* para esta. Uma partição decompõe o intervalo $[\alpha, \omega]$ em *subintervalos* $[x_{j-1}, x_j]$, $j = 1, 2, \ldots, n$,

$$[\alpha, \omega] = \bigcup_{j=1}^{n} [x_{j-1}, x_j].$$

Além disso,

$$[x_{k-1}, x_k] \cap [x_{\ell-1}, x_\ell] = \begin{cases} [x_{k-1}, x_k] & \text{se } k = \ell, \\ \{x_{\min\{k,\ell\}}\} & \text{se } |k - \ell| = 1, \\ \emptyset & \text{se } |k - \ell| > 1. \end{cases}$$

A *norma, módulo* da partição $\{x_j\}_{j=0}^{n}$ é o número

$$\left\| \{x_j\}_{j=0}^{n} \right\| := \max_{j=1,\ldots,n} (x_j - x_{j-1}).$$

Uma partição $\{x_j\}_{j=0}^{n}$ para $[\alpha, \omega]$ é *regular* quando a diferença $x_j - x_{j-1}$ for constante para todo $j = 1, 2, \ldots, n$.

Figura 1: Partição de um intervalo.

Fonte: o autor.

Neste caso, para uma decomposição com n subintervalos, os $n+1$ pontos da partição $\{x_j\}_{j=0}^{n}$ ficam determinados por meio de

$$x_j = \alpha + j \cdot \Delta_n, \; j = 0, 1, \ldots, n, \quad \text{com} \quad \Delta_n := \frac{\omega - \alpha}{n} = \left\| \{x_j\}_{j=0}^{n} \right\|.$$

Em linguagem Python, um modo de obter uma partição regular de um intervalo dadas suas extremidades e o número de subintervalos, usando o pacote *Numpy*, retornando um vetor, por meio da função

```
import numpy as np # ponha esta linha no início do seu código

def partição (alpha, omega, num):
    delta = (omega - alpha)/num # tamanho do passo
    return np.array([alpha + j*delta for j in range(0, num + 1)],
                    dtype=float)
```

Definição 8. Considere uma partição $\{x_j\}_{j=0}^{n}$ (não necessariamente regular) para o intervalo $[x_0\,, x_\omega]$ no sentido progressivo (respectivamente, para o intervalo $[x_\alpha\,, x_0]$ no sentido retrógrado) contido no domínio da solução φ. Uma *solução numérica por discretização* para o PVI (3) é uma lista $\{(x_j, \boldsymbol{y}_j)\}_{j=0}^{n}$ em que (x_0, y_0) pertence à solução, e que a cada ponto x_j associa um valor $\boldsymbol{y}_j$ determinado de modo a aproximar-se do valor de $\varphi(x_j)$.

A definição acima, adaptada de (GAUTSCHI, 2012), é tão boa quanto enigmática. Apesar de explicar o que significa resolver numericamente um PVI, não diz o que significa *"aproximar-se"*, e também faz uso da solução φ, a qual pode estar inacessível (e quase sempre está). Também não diz de que forma os valores $\boldsymbol{y}_j$ são determinados.

Como a solução φ em geral não pode ser acessada, deve-se estimar o *erro global de truncamento* $|\boldsymbol{y}_j - \varphi(x_j)|$. Além disso, calcular os valores $\boldsymbol{y}_j$ exigiria uma máquina perfeita com precisão de infinitas casas decimais. Assim, ao calcular os valores $\boldsymbol{y}_j$ em máquinas com aritmética de precisão finita obtém-se os valores arredondados $\not{\boldsymbol{y}}_j$, de onde resulta o *erro de arredondamento* $|\boldsymbol{y}_j - \not{\boldsymbol{y}}_j|$. Usando a desigualdade triangular, o erro total calculado não é superior ao erro global de truncamento e ao erro de arredondamento juntos (ver (BOYCE; DIPRIMA, 2005))

$$|\varphi(x_j) - \not{\boldsymbol{y}}_j| \leq |\varphi(x_j) - \boldsymbol{y}_j| + |\boldsymbol{y}_j - \not{\boldsymbol{y}}_j| \,.$$

A forma de determinar os valores $\boldsymbol{y}_j$ depende do método escolhido.

Apresenta-se também uma definição para as soluções numéricas para o PVI (6) de natureza vetorial.

Definição 9. Considere uma partição $\{x_j\}_{j=0}^{n}$ (não necessariamente regular) para o intervalo $[x_0\,, x_\omega]$ no sentido progressivo (respectivamente, para o intervalo $[x_\alpha, x_0]$ no sentido retrógrado) contido no domínio da solução φ. Uma *solução numérica por discretização* para o PVI (6) é uma lista $\{(x_j, \boldsymbol{Y}_j)\}_{j=0}^{n}$ em que (x_0, Y_0) pertence à solução, e que a cada ponto x_j associa um valor $\boldsymbol{Y}_j$ determinado de modo a aproximar-se do valor de $\Phi(x_j)$.

Os comentários direcionados à definição 8 continuam pertinentes quando direcionados à definição 9.

3.2 Alguns métodos iterativos explícitos

O PVI (6) é equivalente à equação integral

$$Y(x) = Y_0 + \int_{x_0}^{x} F(s, Y(s))\, ds. \tag{9}$$

Assim, para cada $x_j \in \{x_j\}_{j=0}^{n}$ tem-se

$$Y(x_j) = Y_0 + \int_{x_0}^{x_j} F(s, Y(s))\, ds,$$

logo, denotando $\boldsymbol{Y}_j = Y(x_j)$, segue-se, para $j = 1, 2, \ldots, n$,

$$\boldsymbol{Y}_j = \boldsymbol{Y}_{j-1} + \int_{x_{j-1}}^{x_j} F(s, Y(s))\, ds. \tag{10}$$

Por este caminho, os métodos para resolver numericamente o PVI (6) diferem quanto à forma de aproximar a integral $\int_{x_{j-1}}^{x_j} F(s, Y(s))\, ds$. Atente-se que as explicações a seguir não configuram-se como demonstrações.

3.2.1 Método de Euler

Neste método a integral $\int_{x_{j-1}}^{x_j} F(s, Y(s))\, ds$ é aproximada pela área do "retângulo" com base medindo $x_j - x_{j-1}$ e "altura" medindo $F(x_{j-1}, \boldsymbol{Y}_{j-1})$,

$$\int_{x_{j-1}}^{x_j} F(s, Y(s))\, ds \approx (x_j - x_{j-1}) \cdot F\left(x_{j-1}, \boldsymbol{Y}_{j-1}\right).$$

Figura 2: Método de Euler (i-ésima componente de F).

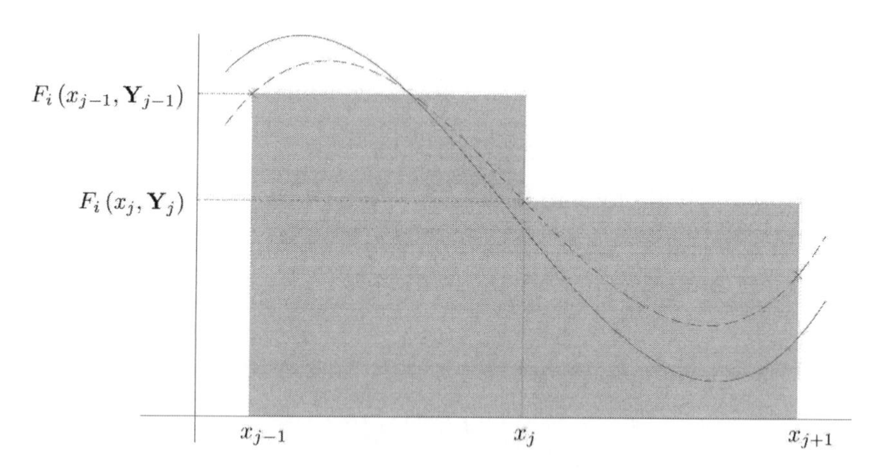

Fonte: BITAR (2020, p.3).

As aspas justificam-se porque F é uma função de valores vetoriais, e em cada componente está associado um retângulo próprio.

Desse modo, a lista $\{\boldsymbol{Y}_j\}_{j=0}^{n}$ fica determinada (e, portanto determina-se também a solução $\{(x_j, \boldsymbol{Y}_j)\}_{j=0}^{n}$) recursivamente por meio de

$$\left| \begin{array}{l} \boldsymbol{Y}_0 = Y_0, \\ \boldsymbol{Y}_j = \boldsymbol{Y}_{j-1} + (x_j - x_{j-1}) \cdot F(x_{j-1}, \boldsymbol{Y}_{j-1}), \quad j = 1, 2, \ldots, n. \end{array} \right. \tag{11}$$

Na figura 2 a linha tracejada em azul representa uma concepção artística que dá uma ideia da função $x \mapsto F_i(x, Y(x))$ a partir dos valores obtidos numericamente marcados com $\times$, enquanto a linha contínua fina em azul representa a função $x \mapsto F_i(x, \Phi(x))$ de fato, a qual está bem definida uma vez que a solução Φ tem garantida sua existência e unicidade.

Em linguagem Python, o código de uma função para calcular uma solução numérica pelo Método de Euler está apresentado abaixo, no qual `dom` representa uma partição (não necessariamente regular) do intervalo compacto $[x_0, x_\omega]$ (sentido progressivo), `Y_0` representa um vetor (não confundir com matriz coluna) com os dados iniciais conforme (7), e `funcao` representa a função $(x, Y) \mapsto F(x, Y)$, seguindo (4), deve estar definida previamente à aplicação em seu código

```
def euler(dom, Y_0, funcao):
    n = len(dom) - 1
    Y = np.empty([n+1, len(Y_0)])
    Y[0] = Y_0

    for j in range(0, n):
        Y[j+1] = Y[j] + (dom[j+1] - dom[j]) * funcao(dom[j], Y[j])

    return Y
```

Cada linha `Y[i]` da matriz `Y` é um vetor que representa uma aproximação da derivada de ordem i da solução φ, para $i = 0, 1, 2, \ldots, N-1$. Uma abordagem parecida é apresentada em (KONG; SIAUW; BAYEN, 2021).

Exercício 10. Produza o código de uma função para resolver numericamente o PVI (6) pelo Método de Euler sobre um intervalo compacto $[x_\alpha, x_0]$ (sentido retrógrado).

Exercício 11. Concilie os códigos das funções para o caso progressivo e para o caso retrógrado em uma só função.

3.2.2 Método de Euler modificado

Nesta seção será apresentado um dos aprimoramentos do Método de Euler (trata-se de uma classe de métodos), o qual pode vir referenciado como *Método modificado de Euler* (ver (BURDEN; FAIRES, 2003)), *Método de Euler melhorado* (ver (BOYCE; DIPRIMA, 2005)) ou *Método de Euler aprimorado/refinado*, a depender do gosto dos autores (ou dos tradutores).

A ideia aqui é aproximar a integral $\int_{x_{j-1}}^{x_j} F(s, Y(s))\, ds$ pela área do "trapézio" com "bases" de comprimentos $F(x_{j-1}, \boldsymbol{Y}_{j-1})$ e $F(x_j, \boldsymbol{Y}_j)$ e "altura" $x_j - x_{j-1}$ (as aspas guardam o mesmo sentido usado na seção anterior)

$$\int_{x_{j-1}}^{x_j} F(s, Y(s))\, ds \approx \frac{1}{2}(x_j - x_{j-1}) \cdot [F(x_{j-1}, \boldsymbol{Y}_{j-1}) + F(x_j, \boldsymbol{Y}_j)] .$$

Pondo em (10) tem-se

$$\boldsymbol{Y}_j = \boldsymbol{Y}_{j-1} + \frac{1}{2}(x_j - x_{j-1}) \cdot [F(x_{j-1}, \boldsymbol{Y}_{j-1}) + F(x_j, \boldsymbol{Y}_j)] . \tag{12}$$

Se o objetivo fosse obter $\boldsymbol{Y}_j$ implicitamente, aplicar-se-ia alguma técnica para determinar numericamente as raízes da equação (12). Mas a proposta foi delimitada sobre métodos explícitos. Então faz-se necessário estabelecer uma estratégia para aproximar $F(x_j, \boldsymbol{Y}_j)$.

Denote por $h_j = x_j - x_{j-1}$. Use o Método de Euler para obter uma estimativa prévia para $\boldsymbol{Y}_j$,

$$\boldsymbol{Y}_j = \boldsymbol{Y}_{j-1} + h_j\, F(x_{j-1}, \boldsymbol{Y}_{j-1}), \tag{13}$$

a ser usada em $F(x_j, \boldsymbol{Y}_j)$,

$$F(x_j\, , \boldsymbol{Y}_j) = F(x_j, \boldsymbol{Y}_{j-1} + h_j\, F(x_{j-1}, \boldsymbol{Y}_{j-1})),$$

de onde segue-se, pondo em (12),

$$\begin{aligned} \boldsymbol{Y}_j &= \boldsymbol{Y}_{j-1} \\ &\quad + \frac{1}{2} h_j \left[F(x_{j-1}, \boldsymbol{Y}_{j-1}) + F(x_j, \boldsymbol{Y}_{j-1} + h_j\, F(x_{j-1}, \boldsymbol{Y}_{j-1}))\right] . \end{aligned} \tag{14}$$

Deste modo, pelo Método de Euler modificado, a lista $\{\boldsymbol{Y}_j\}_{j=0}^{n}$ fica determinada por meio de

$$\left| \begin{aligned} &\boldsymbol{Y}_0 = Y_0, \\ &h_j = x_j - x_{j-1}, \\ &\boldsymbol{Y}_j = \boldsymbol{Y}_{j-1} \\ &\quad + \frac{1}{2} h_j \left[F(x_{j-1}, \boldsymbol{Y}_{j-1}) + F(x_j, \boldsymbol{Y}_{j-1} + h_j\, F(x_{j-1}, \boldsymbol{Y}_{j-1}))\right], \end{aligned} \right. \tag{15}$$

para $j = 1, 2, \ldots, n$, ou ainda, sob um formato que auxilia no desenvolvimento teórico, na comparação entre métodos, e na implementação computacional,

$$\left| \begin{array}{l} \boldsymbol{Y}_0 = Y_0, \\ h_j = x_j - x_{j-1}, \\ \boldsymbol{k}_1^{(j)} = F(x_{j-1}, \boldsymbol{Y}_{j-1}), \\ \boldsymbol{k}_2^{(j)} = F(x_j, \boldsymbol{Y}_{j-1} + h_j \boldsymbol{k}_1^{(j)}), \\ \boldsymbol{Y}_j = \boldsymbol{Y}_{j-1} + \frac{1}{2} h_j \left[\boldsymbol{k}_1^{(j)} + \mathbf{k}_2^{(j)} \right], \end{array} \right. \tag{16}$$

para $j = 1, 2, \ldots, n$.

Figura 3: Método de Euler modificado (i-ésima componente de F).

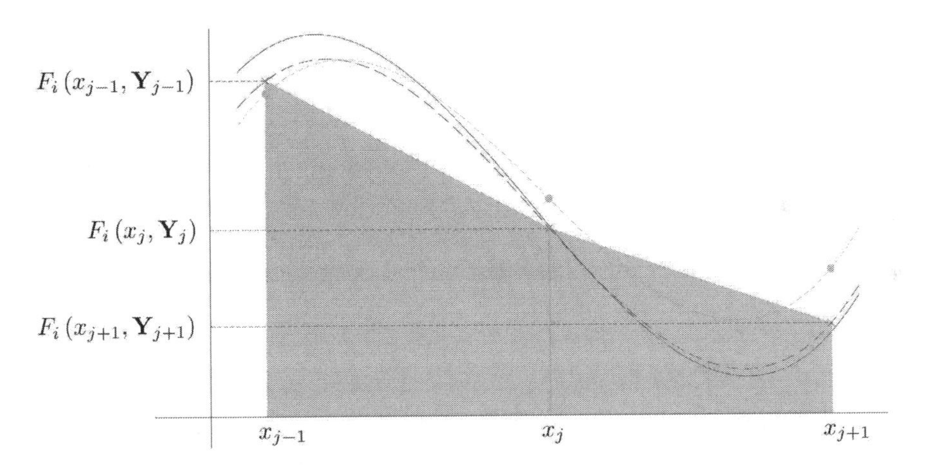

Fonte: o autor.

Na figura 3 a linha tracejada em azul representa uma concepção artística que dá uma ideia da função $x \mapsto F_i(x, Y(x))$ a partir dos valores obtidos pelo Método de Euler melhorado marcados com $\times$, já a linha tracejada na cor laranja representa uma concepção artística da mesma função a partir dos valores obtidos pelo Método de Euler sobre a qual os pontos marcados com $\bullet$

representam as aproximações prévias para os valores $F_i(x_j, \boldsymbol{Y}_j)$. A linha contínua fina em azul representa a função $x \mapsto F_i(x, \Phi(x))$.

Em linguagem Python, o código de uma função para calcular uma solução numérica pelo Método de Euler melhorado está apresentado abaixo, com as mesmas entradas, guardando os mesmos significados, da função `euler`

```
def eulermod(dom, Y_0, funcao):
    n = len(dom) - 1
    Y = np.empty([n+1, len(Y_0)])
    Y[0] = Y_0

    for j in range(0, n):
        h = dom[j+1] - dom[j]
        k1 = funcao(dom[j], Y[j])
        k2 = funcao(dom[j + 1], Y[j] + h * k1)
        Y[j+1] = Y[j] + 0.5 * h * (k1 + k2)

    return Y
```

Exercício 12. Produza o código de uma função para resolver numericamente o PVI (6) pelo Método de Euler melhorado sobre um intervalo compacto $[x_\alpha\,, x_0]$ (sentido retrógrado).

Exercício 13. Concilie os códigos das funções para o caso progressivo e para o caso retrógrado em uma só função.

Exercício 14. O *Método do Ponto Médio*, dada uma partição $\{x_j\}_{j=0}^n$ do domínio $[x_0\,, x_\omega]$ (sentido progressivo), fornece uma solução $\{(x_j\,, \boldsymbol{Y}_j)\}_{j=0}^n$ para o PVI (6) por meio de

$$\left|\begin{array}{l} \boldsymbol{Y}_0 = Y_0, \\ h_j = x_j - x_{j-1}, \\ \boldsymbol{k}_1^{(j)} = F(x_{j-1}, \boldsymbol{Y}_{j-1}), \\ \boldsymbol{k}_2^{(j)} = F\left(x_{j-1} + \dfrac{1}{2}h_j, \boldsymbol{Y}_{j-1} + \dfrac{1}{2}h_j\boldsymbol{k}_1^{(j)}\right), \\ \boldsymbol{Y}_j = \boldsymbol{Y}_{j-1} + h_j\boldsymbol{k}_2^{(j)}, \end{array}\right. \tag{17}$$

para $j = 1, 2, \ldots, n$. Use a aproximação da integral $\int_{x_{j-1}}^{x_j} F(s, Y(s))\, ds$ pela Regra do Ponto Médio para explicar o Algoritmo (17). Escreva uma função que resolva o PVI (6) pelo Método do Ponto Médio sob as condições acima.

Exercício 15. O *Método do Heun*, dada uma partição $\{x_j\}_{j=0}^{n}$ do domínio $[x_0\,, x_\omega]$ (sentido progressivo), fornece uma solução $\{(x_j, \boldsymbol{Y}_j)\}_{j=0}^{n}$ para o PVI (6) por meio de

$$\left|\begin{array}{l} \boldsymbol{Y}_0 = Y_0, \\ h_j = x_j - x_{j-1}, \\ \boldsymbol{k}_1^{(j)} = F(x_{j-1}, \boldsymbol{Y}_{j-1}), \\ \boldsymbol{k}_2^{(j)} = F\left(x_{j-1} + \dfrac{2}{3}h_j, \boldsymbol{Y}_{j-1} + \dfrac{2}{3}h_j\boldsymbol{k}_1^{(j)}\right), \\ \boldsymbol{Y}_j = \boldsymbol{Y}_{j-1} + \dfrac{1}{4}h_j\left[\boldsymbol{k}_1^{(j)} + 3\boldsymbol{k}_2^{(j)}\right], \end{array}\right. \tag{18}$$

para $j = 1, 2, \ldots, n$. Qual deve ser a aproximação da integral $\int_{x_{j-1}}^{x_j} F(s, Y(s))\, ds$ que explica o Algoritmo (18) para o Método de Heun? Escreva uma função que resolva o PVI (6) pelo Método de Heun sob as condições acima.

3.2.3 Método Runge-Kutta de ordem 4 clássico

A bem da verdade, a classe dos métodos de Euler modificados faz parte de uma classe maior de métodos denominados *Métodos de Runge-Kutta*, sendo aqueles de ordem 2. Uma introdução relevante do ponto de vista histórico pode ser encontrado em (BUTCHER, 2003). Para uma abordagem comentada e profunda dos prós, contras, ajustes e avanços, consulte (ACTON, 1990). Nesta seção a atenção ficará restrita a um dos métodos de Runge-Kutta de ordem 4, o qual recebe o epíteto de *clássico*.

Para o *Método de Runge-Kutta de ordem* 4 *clássico* a ideia é aproximar a integral $\int_{x_{j-1}}^{x_j} F(s, Y(s))\, ds$ pela Regra de Simpson, ou seja, pela área entre o eixo das abscissas e a "parábola" com eixo de simetria vertical, passando pelos pontos $(x_{j-1}\,, F(x_{j-1}\,, \boldsymbol{Y}_{j-1}))$, $(x_j\,, F(x_j, \boldsymbol{Y}_j))$, e $(x_{j-\frac{1}{2}}, F(x_{j-\frac{1}{2}}, \boldsymbol{Y}_{j-\frac{1}{2}}))$

em que $x_{j-\frac{1}{2}}$ denota o ponto médio entre x_{j-1} e x_j e $\boldsymbol{Y}_{j-\frac{1}{2}}$ denota a solução do PVI (6) estimada em $x_{j-\frac{1}{2}}$. A Regra de Simpson tem flexibilidade suficiente para atender aos casos em que a parábola degenera-se numa reta (oblíqua ou horizontal). Assim

$$\begin{aligned}\int_{x_{j-1}}^{x_j} F(s, Y(s))\, ds \approx &\ \frac{1}{6}(x_j - x_{j-1}) \\ &\times \left[F(x_{j-1}, \boldsymbol{Y}_{j-1}) + 4F\left(x_{j-\frac{1}{2}}, \boldsymbol{Y}_{j-\frac{1}{2}}\right) + F(x_j, \boldsymbol{Y}_j)\right].\end{aligned}$$

Pondo em (10) tem-se

$$\begin{aligned}\boldsymbol{Y}_j = \boldsymbol{Y}_{j-1} + &\ \frac{1}{6}(x_j - x_{j-1}) \\ &\times \left[F(x_{j-1}, \boldsymbol{Y}_{j-1}) + 4F\left(x_{j-\frac{1}{2}}, \boldsymbol{Y}_{j-\frac{1}{2}}\right) + F(x_j, \boldsymbol{Y}_j)\right], \quad (19)\end{aligned}$$

mas dentro de uma abordagem explícita, é preciso contornar duas dificuldades: desconhece-se $\boldsymbol{Y}_{j-\frac{1}{2}}$ logo também é desconhecido $F(x_{j-\frac{1}{2}}, \boldsymbol{Y}_{j-\frac{1}{2}})$, e tampouco conhece-se $F(x_j, \boldsymbol{Y}_j)$. É preciso estabelecer uma estratégia para aproximar $F(x_{j-\frac{1}{2}}, \boldsymbol{Y}_{j-\frac{1}{2}})$ e $F(x_j, \boldsymbol{Y}_j)$.

Denote $h_j = x_j - x_{j-1}$. Observe que o peso de $F(x_{j-\frac{1}{2}}, \boldsymbol{Y}_{j-\frac{1}{2}})$ é bem mais alto em (19) quando comparado com os demais. Então, permita que os pesos sejam aliviados decompondo em duas parcelas

$$\begin{aligned}\boldsymbol{Y}_j = \boldsymbol{Y}_{j-1} + \frac{1}{6}h_j \Big[&F(x_{j-1}, \boldsymbol{Y}_{j-1}) + 2F\left(x_{j-\frac{1}{2}}, \boldsymbol{Y}_{j-\frac{1}{2}}\right) \\ &+2F\left(x_{j-\frac{1}{2}}, \boldsymbol{Y}_{j-\frac{1}{2}}\right) + F(x_j, \boldsymbol{Y}_j)\Big], \quad (20)\end{aligned}$$

mas, em cada parcela duplicada, a entrada $\boldsymbol{Y}_{j-\frac{1}{2}}$ receberá aproximações diferentes. Use o Método de Euler para obter a primeira estimativa para $\boldsymbol{Y}_{j-\frac{1}{2}}$ (para a primeira parcela),

$$\boldsymbol{Y}_{j-\frac{1}{2}} = \boldsymbol{Y}_{j-1} + \frac{1}{2}h_j F(x_{j-1}, \boldsymbol{Y}_{j-1})$$

$$\Rightarrow F\left(x_{j-\frac{1}{2}}, \boldsymbol{Y}_{j-\frac{1}{2}}\right) \approx F\left(x_{j-1}, \boldsymbol{Y}_{j-1} + \frac{1}{2} h_j F\left(x_{j-1}, \boldsymbol{Y}_{j-1}\right)\right).$$

Como a partição $\{x_j\}_{j=0}^{n}$ está contida em um intervalo sobre o qual existe uma única solução para o PVI (6), a aplicação $\mathfrak{G} : \tilde{\Phi} \mapsto \mathfrak{G}[\tilde{\Phi}]$, dada por

$$\mathfrak{G}\left[\tilde{\Phi}\right](x) = Y_0 + \int_{x_0}^{x} F\left(s, \tilde{\Phi}(s)\right) ds,$$

sob domínio aberto adequado, é uma contração sob a norma uniforme, logo, faz sentido obter uma nova estimativa para $\boldsymbol{Y}_{j-\frac{1}{2}}$,

$$\boldsymbol{Y}_{j-\frac{1}{2}} = \boldsymbol{Y}_{j-1} + \frac{1}{2} h_j F\left(x_{j-1}, \boldsymbol{Y}_{j-1} + \frac{1}{2} h_j F\left(x_{j-1}, \boldsymbol{Y}_{j-1}\right)\right),$$

a fim de obter uma estimativa diferente para a segunda parcela $F(x_{j-\frac{1}{2}}, \boldsymbol{Y}_{j-\frac{1}{2}})$,

$$\begin{aligned} &F\left(x_{j-\frac{1}{2}}, \boldsymbol{Y}_{j-\frac{1}{2}}\right) \\ &\quad \approx F\left(x_{j-1}, \boldsymbol{Y}_{j-1} + \frac{1}{2} h_j F\left(x_{j-1}, \boldsymbol{Y}_{j-1} + \frac{1}{2} h_j F\left(x_{j-1}, \boldsymbol{Y}_{j-1}\right)\right)\right). \end{aligned}$$

Embora não haja garantia de que esta última seja uma aproximação melhor, a contração garante que estão próximas a primeira e a segunda estimativas do valor da solução do PVI (6) no ponto médio. Por fim, o termo $F(x_j, \boldsymbol{Y}_j)$ é aproximado por

$$\begin{aligned} F\left(x_j, \boldsymbol{Y}_j\right) \approx F\Big(x_j, \boldsymbol{Y}_{j-1} + h_j F\Big(x_{j-\frac{1}{2}}, \boldsymbol{Y}_{j-1} \\ + \frac{1}{2} h_j F\left(x_{j-\frac{1}{2}}, \boldsymbol{Y}_{j-1} + \frac{1}{2} h_j F\left(x_{j-1}, \boldsymbol{Y}_{j-1}\right)\right)\Big)\Big). \end{aligned}$$

Deste modo, pelo Método de Runge-Kutta de ordem 4 clássico, a lista $\{\boldsymbol{Y}_j\}_{j=0}^{n}$ fica determinada por meio do algoritmo

$$
\left|
\begin{aligned}
&\boldsymbol{Y}_0 = Y_0,\\
&h_j = x_j - x_{j-1},\\
&\boldsymbol{k}_1^{(j)} = F\left(x_{j-1}, \boldsymbol{Y}_{j-1}\right),\\
&\boldsymbol{k}_2^{(j)} = F\left(x_{j-1} + \frac{1}{2}h_j, \boldsymbol{Y}_{j-1} + \frac{1}{2}h_j\boldsymbol{k}_1^{(j)}\right),\\
&\boldsymbol{k}_3^{(j)} = F\left(x_{j-1} + \frac{1}{2}h_j, \boldsymbol{Y}_{j-1} + \frac{1}{2}h_j\boldsymbol{k}_2^{(j)}\right),\\
&\boldsymbol{k}_4^{(j)} = F\left(x_j, \boldsymbol{Y}_{j-1} + h_j\boldsymbol{k}_3^{(j)}\right),\\
&\boldsymbol{Y}_j = \boldsymbol{Y}_{j-1} + \frac{1}{6}h_j\left[\boldsymbol{k}_1^{(j)} + 2\boldsymbol{k}_2^{(j)} + 2\boldsymbol{k}_3^{(j)} + \boldsymbol{k}_4^{(j)}\right],
\end{aligned}
\right.
$$

para $j = 1, 2, \ldots, n$.

Figura 4: Método de Runge-Kutta de ordem 4 clássico (i-ésima componente de F).

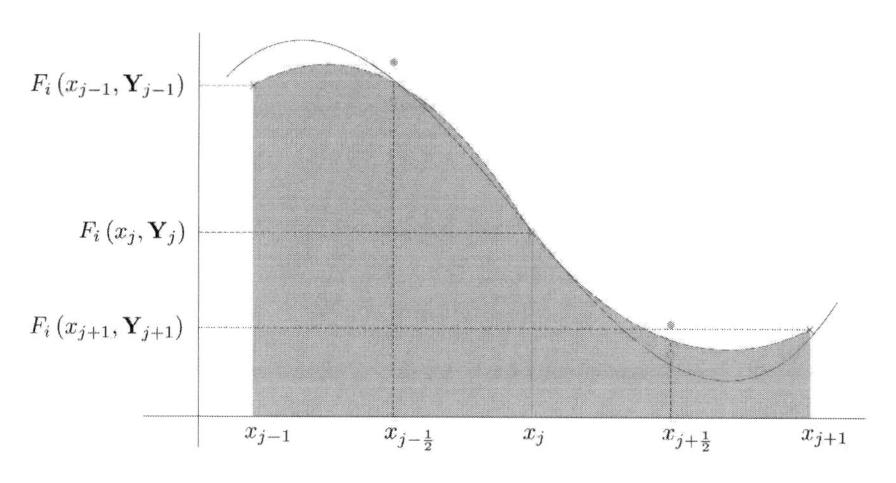

Fonte: o autor.

Na figura 4 a linha tracejada magenta representa uma concepção artística dos segmentos de parábolas usados pela Regra de Simpson; os pontos marcados com $\times$ representam os pontos determinados pelo Método de Runge-Kutta de ordem 4 clássico; os pontos marcados com $\bullet$ representam as estimativas $\boldsymbol{k}_2^{(j)}$ e $\boldsymbol{k}_3^{(j)}$, e, $\boldsymbol{k}_2^{(j+1)}$ e $\boldsymbol{k}_3^{(j+1)}$; e a linha azul fina representa a função $x \mapsto F_i(x, \Phi(x))$. Note que os segmentos de parábolas passam no ponto médio dos respectivos pares de pontos representados pelas bolas laranja.

Em linguagem Python, o código de uma função para calcular uma solução numérica pelo Método de Runge-Kutta de ordem 4 clássico para o PVI (6) está apresentado abaixo, com as mesmas entradas, guardando os mesmos significados, das funções `euler` e `eulermod` apresentadas anteriormente

```
def rk4classic(dom, Y_0, funcao):
    n = len(dom) - 1
    Y = np.empty([n+1, len(Y_0)])
    Y[0] = Y_0

    for j in range(0, n):
        hmei = 0.5 * (dom[j+1] - dom[j])
        k1 = funcao(dom[j], Y[j])
        k2 = funcao(dom[j] + hmei, Y[j] + hmei * k1)
        k3 = funcao(dom[j] + hmei, Y[j] + hmei * k2)
        k4 = funcao(dom[j + 1], 2 * hmei * k3)
        Y[j+1] = Y[j] + hmei * (k1 + 2*k2 + 2*k3 + k4) / 3

    return Y
```

4 Aplicações

A derivada de alguma quantidade representa a taxa de variação dessa quantidade com relação à mudança de outra quantidade. Quando essa taxa de variação refere-se à posição de um objeto com relação ao tempo, essa taxa é denominada *velocidade*. Por extensão, uso e abuso da linguagem, muitas vezes a derivada (taxa de variação) é chamada de velocidade mesmo em situações que nÃ£o envolvam a posição de um objeto.

4.1 Desenvolvimento populacional malthusiano

Thomas Malthus (1766–1834), considerado o fundador da Demografia, publicou em 1798 sua obra *An Essay on the Principle of Population* (ver (BRAUER; CASTILLOCHAVEZ, 2012)). Nesta, enuncia que uma população humana livre de restrições e com recursos abundantes dobra em quantidade de indivíduos em apenas 25 anos. Note que mantida a hipótese *recursos abundantes e livre de restrições*, em 25 anos adicionais a população seria de 4 vezes a população inicial, e em um século seria 16 vezes a população inicial. Apesar de inicialmente enunciado para populações humanas foi verificado sob as mesmas condições para diversas espécies, dobrando em períodos distintos.

Esse efeito no desenvolvimento populacional Ã© claramente exponencial, e Ã© denominado de *desenvolvimento populacional malthusiano*. Denotando-se por y uma função real com domínio no tempo que representa a quantidade de espécimes da população no instante t, e supondo que essa função varie continuamente (em consequência, entre dois valores inteiros em sua imagem esta deve assumir todos os valores reais intermediários). Sendo y uma função exponencial, sua derivada satisfaz a equação diferencial

$$y' = \alpha y, \tag{21}$$

na qual o parâmetro constante α é a *taxa de desenvolvimento per capita da população*. Associando-se à Equação (21) a condição inicial $y(t_0) = y_0$ produz-se um PVI que tem como solução

$$t \geq t_0 \mapsto y(t) = y_0\, e^{\alpha(t-t_0)}, \tag{22}$$

a qual resolve o desenvolvimento populacional malthusiano. Observe que do ponto de vista puramente matemático faz sentido associar valores $t < t_0$ à mesma regra, mas para o problema concreto, resultado de uma observação, pode não fazer.

Na figura 5 observa-se as soluções do PVI ($\alpha > 0$ fixo) para diversos valores inicias, inclusive negativos (os quais não fazem sentido para o problema concreto). Note as linhas tracejadas sobre as linhas contínuas. As últimas representam as soluções calculadas diretamente pela expressão em (22), enquanto as primeiras são soluções numéricas calculadas pelo Método de Euler.

Figura 5: Desenvolvimento populacional malthusiano.

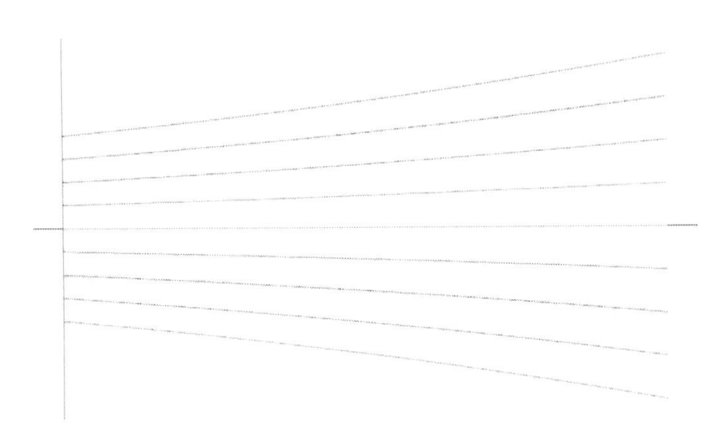

Fonte: o autor.

Dada a natureza exponencial das soluções, nos casos em que esta for crescente, tenderá rapidamente ao infinito, de modo que os espécimes em tela tomariam todo o planeta, de modo que esse modelo deve ser considerado apenas para períodos pequenos.

4.2 Desenvolvimento populacional logístico

Removendo-se a hipótese *recursos abundantes e livre de restrições*, o efeito esperado, com tempo suficiente, é de que a população comece a competir consigo pelos recursos e por espaço.

Ao membro direito da Equação (22) acrescenta-se uma parcela que diminua com o número de espécimes da população, reduzindo a taxa de variação da mesma. O caso mais simples, introduzido em 1838 por Pierre François Verhulst (1804–1849), é a *equação logística*

$$y' = \alpha y - \frac{\alpha}{K}y^2 = \alpha y\left(1 - \frac{1}{K}y\right), \tag{23}$$

na qual o parâmetro K é a *capacidade de suporte* do ambiente para a população. Associando-se à Equação (23) a condição inicial $y(t_0) = y_0$ tem-se um PVI que possui como solução

$$t \geq t_0 \mapsto y(t) = \frac{K}{1 - \left(1 - \frac{K}{y_0}\right) e^{-\alpha(t-t_0)}}, \tag{24}$$

a qual resolve o *desenvolvimento populacional logístico.*

Figura 6: Desenvolvimento populacional logístico.

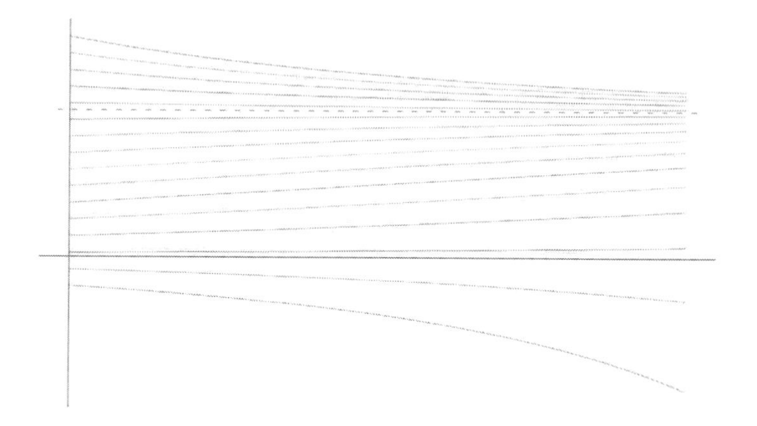

Fonte: o autor.

Para $\alpha > 0$, se $y_0 > 0$, note que $\lim\limits_{t \to \infty} y(t) = K$, logo y é limitada. Além disso, se $0 < y_0 < K$ então y é crescente, e se $y_0 > K$ então y é decrescente.

Na figura 6 observa-se soluções numéricas do PVI ($\alpha > 0$ fixo) para diversos valores iniciais (incluindo-se alguns negativos, que não fazem sentido no problema de desenvolvimento populacional) obtidas pelo Método de Euler modificado. As linhas horizontais tracejadas representam as soluções constantes $t \mapsto y(t) = 0$ e $t \mapsto y(t) = K$, denominadas *soluções de equilíbrio.*

Para uma exposição dos desenvolvimentos populacionais malthusiano e logístico partindo de equações de diferenças (Matemática Discreta) consulte (ALLMAN; RHODES, 2004).

4.3 PVI para uma EDO de segunda ordem linear não homogênea

Um PVI associado a uma EDO de segunda ordem linear não homogênea

$$\left| \begin{array}{l} y'' + p(t)\,y' + q(t)\,y = f(t), \\ y(t_0) = y_0^{(0)}, \\ y'(t_0) = y_0^{(1)}, \end{array} \right. \tag{25}$$

pode ser transformado em um PVI associado a uma EDO de primeira ordem linear, fazendo-se $v = y'$, e usando-se a variável vetorial $[y\ v]^\top$,

$$\left| \begin{array}{l} \dfrac{d}{dt}\begin{bmatrix} y \\ v \end{bmatrix} = \begin{bmatrix} v \\ -p(t)\,v - q(t)\,y + f(t) \end{bmatrix} = F\left(t, \begin{bmatrix} y \\ v \end{bmatrix}\right), \\ \begin{bmatrix} y \\ v \end{bmatrix}(t_0) = \begin{bmatrix} y_0^{(0)} \\ y_0^{(1)} \end{bmatrix}. \end{array} \right.$$

Definidas as funções p, q e f, defina a função F

```
def F(t, Y):
    return np.array([Y[1], - p(t)*Y[1] - q(t)*Y[0]], dtype=float)
```

na qual Y[0] e Y[1] representam y e v, respectivamente, e o dado inicial Y0 define-se por

```
Y0 = np.array([y00, y01], dtype=float)
```

na qual y00 e y01 representam os valores $y_0^{(0)}$ e $y_0^{(1)}$, respectivamente.

Exemplo 16. Considere os PVI abaixo sob as mesmas condições iniciais

$$\left| \begin{array}{l} y'' + y = 2\,\mathrm{sen}(2t), \\ y(0) = 2, \\ y'(0) = -1, \end{array} \right. \quad \left| \begin{array}{l} y'' + y = 2|\,\mathrm{sen}(2t)|, \\ y(0) = 2, \\ y'(0) = -1, \end{array} \right. \quad \left| \begin{array}{l} y'' + y = |\,\mathrm{sen}(2t)| - \mathrm{sen}(2t), \\ y(0) = 2, \\ y'(0) = -1. \end{array} \right. \tag{26}$$

Figura 7: Solução do primeiro PVI.

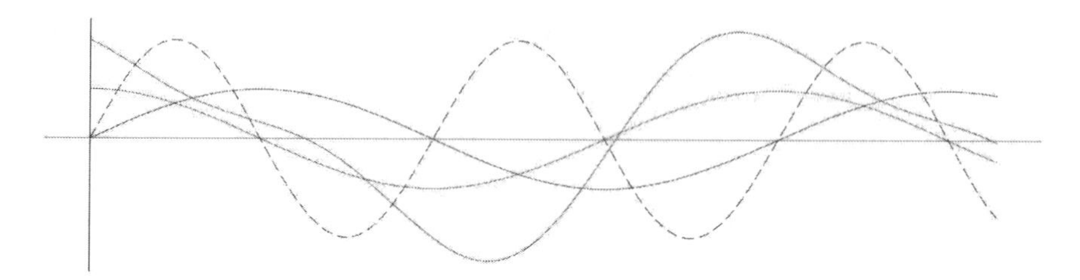

Fonte: o autor.

Figura 8: Solução do segundo PVI.

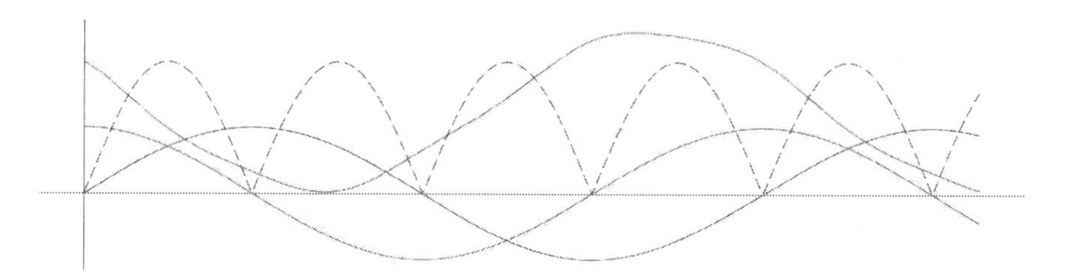

Fonte: o autor.

Figura 9: Solução do terceiro PVI.

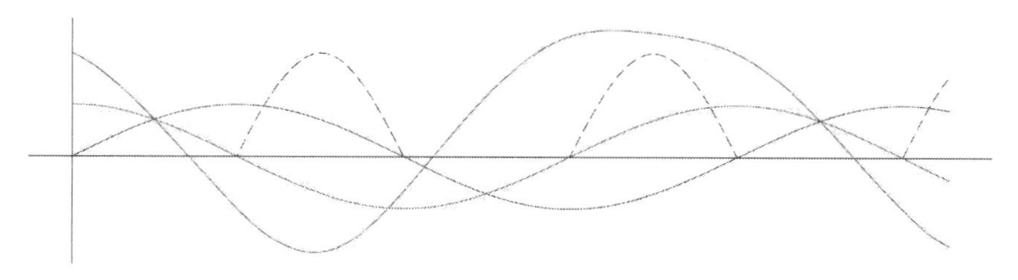

Fonte: o autor.

Na figura 7, as linhas contínuas em vermelho e azul representam as soluções da EDO homogênea associada, a linha tracejada em preto representa a função na parte no membro direito da EDO, e a linha contínua em magenta representa a solução do PVI.

Na figura 8 e na figura 9 usa-se as mesmas convenções da figura 7. Nos três casos usou-se o Método de Euler modificado.

Exemplo 17. Obtenha as soluções analíticas dos três PVI do exemplo 16. Plote os gráficos dessas soluções e compare com as soluções numéricas.

4.4 Circuito RLC

Na figura 10 está representado um circuito com um resistor com resistência R, um capacitor com capacitância C, e um indutor com indutância L, considerados ideais e contantes, ligados em série com uma fonte de tensão variável, variando conforme a função $V : t \mapsto V(t)$.

Figura 10: Circuito RLC.

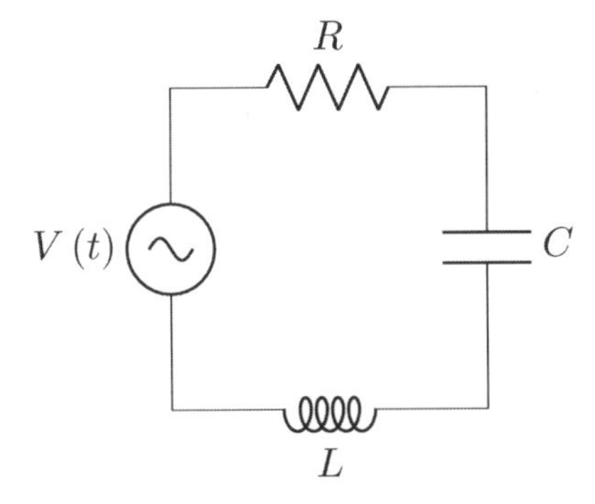

Fonte: o autor.

Denotando por $i : t \mapsto i(t)$ a função corrente, como consequência da segunda lei de Kirchhoff, é obtida a EDO satisfeita por i,

$$\frac{d^2i}{dt^2} + \frac{R}{L}\frac{di}{dt} + \frac{1}{LC}i = \frac{1}{L}\frac{dV}{dt}, \tag{27}$$

a qual, usando parâmetros convenientes ($\omega_0 = \frac{1}{\sqrt{LC}}$ frequência angular de ressonância, e $\zeta = \frac{R}{2L}$ atenuação) reescreve-se (27),

$$\frac{d^2 i}{dt^2} + 2\zeta \frac{di}{dt} + \omega_0^2 i = \frac{1}{L} \frac{dV}{dt}. \tag{28}$$

Quando os computadores eram muito caros e lentos uma técnica comum consistia em construir análogos elétricos da EDO associada à aplicação de interesse e ver (sem aspas) a solução por meio de um osciloscópio.

Para um exemplo direto disso, considere um oscilador harmônico amortecido forçado. Considere uma partícula de massa m, sujeita à lei de Hooke $F = -ky$ proporcional e em sentido oposto à posição y da partícula , à força de atrito $F = -bv$ proporcional e em sentido oposto à velocidade $v = \frac{dy}{dt}$ da partícula, e a uma força externa representada pela função $t \mapsto F(t)$. Por meio da segunda lei de Newton obtém-se a EDO,

$$\frac{d^2 y}{dt^2} + \frac{b}{m} \frac{dy}{dt} + \frac{k}{m} y = \frac{1}{m} F(t), \tag{29}$$

a qual usando parâmetros convenientes ($\omega_0 = \sqrt{\frac{k}{m}}$ frequência natural, e $\gamma = \frac{b}{2\sqrt{km}}$ taxa de amortecimento) e costume reescrever (29),

$$\frac{d^2 y}{dt^2} + 2\gamma\omega_0 \frac{dy}{dt} + \omega_0^2 y = \frac{1}{m} F(t). \tag{30}$$

A relação entre (29) e (27) é imediata.

4.5 Oscilador van der Pol

Usando um circuito RLC acolado a uma válvula triodo, o físico e engenheiro Balthasar van der Pol (1889–1959) obteve oscilações estáveis auto-excitadas (realimentação) de amplitude constante (ver (SASTRY, 2009), ou (LYNCH, 2010)), obtendo a EDO que modela esse fenômeno

$$y'' + \mu(y^2 - 1)y' + y = 0 \tag{31}$$

claramente de natureza não linear[1].

Seguindo-se a redução para um sistema de primeira ordem e associando-se condições iniciais, o sistema está nos termos para a busca por soluções numéricas. Na figura 11 nota-se a solução y ("posição"), a derivada da solução y' ("velocidade"), e o Plano de Fases com o conjunto $\{(y(t), y'(t))\}_{t \geq t_0}$. Neste, nota-se no setor inferior direito uma "cauda" na curva aparentemente fechada. Isso decorre da escolha dos dados iniciais, e da rápida *atração* das soluções ao *ciclo limite*.

Figura 11: Oscilações van der Pol: $\mu = 3$.

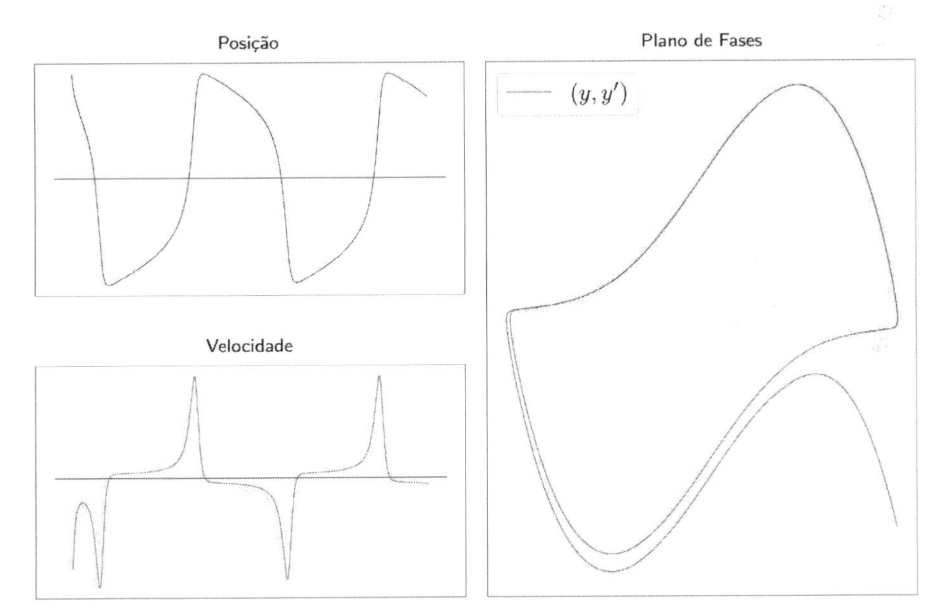

Fonte: o autor.

[1]Em alguns dos trabalhos originais nota-se a presença de um capacitor de capacitância variável (selecionável) com o objetivo de alterar a constante μ.

Exercício 18. Para um valor de μ fixo, escolha diversos valores iniciais espalhados nos quatro quadrantes do plano (perto e longe, mas não tanto, da origem), obtenha as soluções numéricas desses PVI. Observe que o ciclo limite é o mesmo. Altere o valor da constante μ e observe a respectiva alteração no ciclo limite. Em qualquer caso, a natureza desse ciclo limite é atratora tanto internamente quanto numa vizinhança externa deste.

4.6 Equações de Lotka-Volterra

Durante a Primeira Guerra Mundial (1914–1918) a pesca no Mar Adriátrico quando não era proibida, era bastante perigosa, e por isso mesmo pouco praticada. O biólogo marinho Umberto D'Ancona (1896–1964) observou, no pós guerra, que houve redução da quantidade do pescado mas aumento na quantidade de peixes predadores capturados ali. Na ausência de explicação biológica ou ecológica disponível na época, D'Ancona apresentou os dados ao matemático Vito Volterra (1860–1940), o qual, em 1926, publicou o modelo[2] (ver (MÜLLER; KUTTLER, 2010)),

$$\left| \begin{aligned} u' &= a_1 u - a_2 uv, \\ v' &= -b_2 v + b_1 uv, \end{aligned} \right. \tag{32}$$

no qual as constantes a_1 , a_2 , b_1 , b_2 são positivas, u representa a população das presas (peixes comestíveis) com desenvolvimento malthusiano ($a_1 > 0$, crescimento) na ausência de predadores, e v representa a população dos predadores (tubarões do Mediterrâneo, raias, jamantas, etc) com desenvolvimento malthusiano ($-b_2 < 0$, decrescimento). Por outro lado, o termo $-a_2uv$ contribui para que a taxa de variação da população das presas diminua na presença dos predadores, enquanto o termo b_1uv contribui para que a taxa de variação da população de predadores aumente na presença das presas.

Nesta aplicação, a função F deve ser definida

[2] O mesmo modelo foi publicado em 1925 por Alfred James Lotka (1880–1949) para descrever uma reação química com comportamento periódico. Daí o motivo de o modelo trazer o nome de ambos pesquisadores.

```
def F(t, Y):
    return np.array([ a1 * Y[0] - a2 * Y[0] * Y[1],
                     -b2 * Y[1] + b1 * Y[0] * Y[1]], dtype=float)
```

na qual a1, a2, b1 e b2 representam respectivamente as constantes a_1, a_2, b_1 e b_2, e, Y[0] e Y[1] representam as populações u (presas) e v (predadores), respectivamente.

Na figura 12, a linha contínua em azul representa a evolução da população das presas, a linha contínua em vermelho representa a evolução da população dos predadores, a órbita fechada contínua em magenta representa o conjunto $\{(u(t), v(t))\}_{t \geq t_0}$, e o ponto em destaque $(\frac{b_2}{b_1}, \frac{a_1}{a_2})$ é o único ponto crítico do sistema distinto da origem. Como as órbitas são fechadas, as soluções u e v são periódicas. O ponto crítico é um nó isolado tipo centro estável.

Figura 12: Equações de Lotka-Volterra.

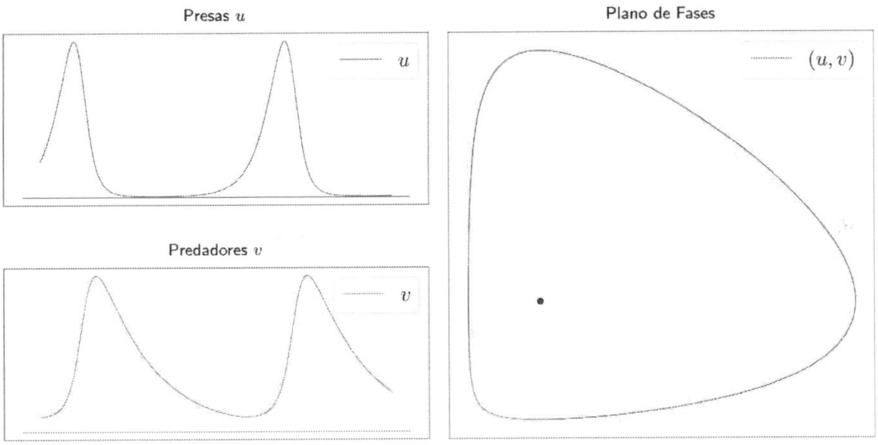

Fonte: o autor.

Exercício 19. Fixando os parâmetros a_1, a_2, b_1 e b_2, escolha diversos valores iniciais espalhados no primeiro quadrante. (Cuidado! Valores próximos dos eixos das abscissas ou das ordenadas podem remeter as órbitas para além do limite manipulável pela aritmética de ponto flutuante da linguagem de programação escolhida.) Obtenha as órbitas para cada valor inicial, e observe a natureza tipo centro do ponto crítico.

5 Conclusão

Para além de todas as ferramentas matemáticas expostas em sua maioria presentes no primeiro cursos de EDO e no primeiro curso de Métodos Numéricos, há ainda algumas que foram levemente citadas, destinadas aos segundos cursos dessas competências, e outras mantidas completamente ocultas, as quais serão estudadas/aprendidas/desenvolvidas sob medida para cada problema.

Do ponto de vista das aplicações foram abordados temas de diversas áreas que qualquer discente de graduação nas Ciências Exatas tem contato, sem ser excessivamente técnico. Cabe observar que as equações aqui tratadas não estão confinadas às aplicações originais. Ademais, são equações famosas justamente pela versatilidade de modelar fenômenos diversos.

Na jornada de aprendizado será natural encontrar sistemas de EDO modelando fenômenos específicos com linguagem avançada específica que são, em última análise, adaptações sobre as equações apresentadas que agregam idiossincrasias da situação estudada.

Referências

ACTON, Forman S. **Numerical Methods that usually Work**. Edição revisada e atualizada. [S.l.]: Mathematical Association of America, 1990. ISBN 0-88385-450-3.

ALLMAN, Elizabeth S.; RHODES, John A. **Mathematical Models in Biology**: An Introduction. [S.l.]: Cambridge, 2004. ISBN 978-0-521-52586-2.

BOYCE, William E.; DIPRIMA, Richard C. **Elementary Differential Equations and Boundary Value Problems**. 8P Edição. [S.l.]: John Wiley & Sons, 2005. ISBN 0-471-43338-1.

BRAUER, Fred; CASTILLO-CHAVEZ, Carlos. **Mathematical Models in Population Biology and Epidemiology**. 2ª edição. [S.l.]: Springer, 2012. ISBN 978-1-4614-1685-2.

BURDEN, Richard L.; FAIRES, J. Douglas. **Análise Numérica**. [S.l.]: Thomson, 2003. ISBN 85-221-2597-X.

BUTCHER, J.C. **Numerical Methods for Ordinary Differential Equations**. [S.l.]: John Wiley & Sons, 2003. ISBN 0-471-96758-0.

CODDINGTON, Earl A.; LEVINSON, Norman. **Theory of Ordinary Differential Equations**. [S.l.]: Krieger Publishing Company, 1984. ISBN 0-89874-755-4.

DOERING, Claus Ivo; LOPES, Artur Oscar. **Equações Diferenciais Ordinárias**. [S.l.]: Coleção Matemática Universitária — IMPA, 2005. ISBN 85-244-0238-5.

GAUTSCHI, Walter. **Numerical Analysis**. 2ª edição. [S.l.]: Birkhäuser, 2012. ISBN 978-0-8176-8258-3.

HALE, Jack K. **Ordinary Differential Equations**. [S.l.]: Krieger Publishing Company, 1980. ISBN 0-89874-011-8.

KONG, Qingkai; SIAUW, Timmy; BAYEN, Alexandre M. **Python Programming andNumerical Methods: A Guide for Engineers and Scientists**. [S.l.]: Academic Press/Elsevier, 2021. ISBN 978-0-12-819549-9.

LYNCH, Stephen. **Dynamical Systems with Applications using Maple**. 2ª edição. [S.l.]: Birkhäuser, 2010. ISBN 978-0-8176-4389-8.

MILLER, Richard K.; MICHEL, Anthony N. **Ordinary Differential Equations**. [S.l.]:Dover Publications, 2007. ISBN 0-486-46248-X.

MÜLLER, Johannes; KUTTLER, Christina. **Methods and Models in Mathematical Biology: Deterministic and Stochastic Approaches**. [S.l.]: Springer, 2010. ISBN 978-3-642-27250-9.

SASTRY, Shankar. **Nonlinear Systems: Analysis, Stability, and Control**. [S.l.]: Springer, 2009. ISBN 0-387-98513-1.

PARTE 2

RELATOS DE EXPERIÊNCIAS — APLICABILIDADES DE EQUAÇÕES DIFERENCIAIS NA FÍSICA

AS EQUAÇÕES DIFERENCIAIS: UMA EXPERIÊNCIA NO CURSO DE FÍSICA

Kayla Rocha Braga

1 Introdução

As equações diferenciais, das mais simples às mais complexas, fornecem modelos matemáticos úteis de fenômenos físicos, dentre eles destacamos os movimentos de fluidos, o fluxo de corrente elétrica em circuitos, a propagação das ondas, entre outros. No estudo da Física, esses modelos matemáticos estão presentes em várias etapas, seja na análise de dados coletados, ou numa proposta nova de modelo, ou como verificação de validade dos modelos existentes.

Nesta perspectiva propusemos o desenvolvimento de um miniprojeto na disciplina Equações Diferenciais Ordinárias (EDO), ministrada no curso de Física para os alunos da Licenciatura, no intuito de levá-los a desenvolverem experimentos no laboratório (Planetário), e a partir dos modelos já existentes, eles os analisaram colocando seus dados coletados, e por fim, compartilharam suas experiências com a comunidade acadêmica por meio do Webinário "Relatos de Experiências: Aplicabilidades de Equações Diferenciais", organizado pela professora da disciplina e organizadora do Webinário em parceria com os alunos e professores da UFMA.

O miniprojeto teve como objetivo fornecer aos alunos experiência prática no uso de equações diferenciais em experimentos físicos de laboratório

(Planetário) para que compreendessem que as equações diferenciais aparecem naturalmente em uma ampla variedade de aplicações no mundo real.

2 A Equação Diferencial nos Cursos de Exatas

Iniciamos esse capítulo destacando uma fala de Boyce e Diprima (2010) que diz que muitos dos princípios, ou leis, que regem o comportamento do mundo físico são proposições, ou relações, envolvendo a taxa segundo a qual as coisas acontecem. Estes princípios são representados por meio da linguagem matemática, nesse caso as relações são as equações e as taxas que são as derivadas. Estas equações quando contém derivadas são chamadas de equações diferenciais.

Complementa ainda Boyce e Diprima (2010) quando acrescenta que para compreender e investigar problemas envolvendo os fenômenos da natureza, como citados anteriormente, é necessário saber alguma coisa sobre equações diferenciais. Podemos observar na narração dos autores Boyce e Diprima (2010) que muito fenômenos que são modelados vão exigir um pouco mais das funções matemáticas.

Os alunos ao adentrarem no curso de Ciências, mais especificamente, o de Física se deparam com vários conceitos na disciplina de Equações Diferenciais Ordinárias, comumente chamada de EDO. Eles estudam a definição, a classificação que sabemos que pode ser segundo suas variáveis, ou seja, quando a equação possui uma variável independente se designa como Equação Diferencial Ordinária, enquanto que se há duas ou mais variáveis independentes, resulta nas chamadas Equações Diferenciais Parciais. Também se estuda o ordenamento que é determinada pela ordem da derivada de mais alta ordem contida na equação.

No estudo de EDO os alunos ainda estudam que na determinação de uma única função o uso de uma única equação é suficiente, porém o envolvimento da resolução de mais de uma função faz-se necessário um sistema de equações. Dando continuidade aos estudos há referência a equações como lineares ou não-lineares, o estudo de Problemas de Valor Inicial (PVI), são estudados também os variados métodos das equações.

Para Beltrão (2009) o termo "cálculo", na visão matemática, são as ferramentas de análise das variações ocorridas em fenômenos com alguma natureza física, ou palpável. E sabemos, na história do cálculo, que este está relacionado às pesquisas referentes às ciências, especificamente à Física. Na história vimos que os nomes relacionados diretamente ao desenvolvimento do cálculo estão Isaac Newton (1642-1727) e Gottfried Wilhelm Leibniz (1646-1716).

Muitas das vezes no estudo de equações, de forma mais básica, são propostos problemas onde se faz necessário definir um ou mais valores reais que satisfaça a relação entre as incógnitas da equação. Boyce e Diprima (2010), assim, no estudo das equações diferenciais o objetivo é definir uma função tal que ela, e suas derivadas, satisfaçam as relações da equação original, em outras palavras, uma equação diferencial é uma pergunta do tipo - "Qual a função cuja derivada satisfaz a seguinte relação? Machado (1988, p. 153).

Para uma compreensão de uma equação diferencial é importante compreender que há possibilidade de se fazer uma análise por proximidade ou não proximidade, há um ponto de equilíbrio, ou ponto crítico do sistema, há também o estudo dos campos de direções que são muito úteis. E claro, para uma maior exatidão, constroem- se sistemas mais complexos e estes são os mais exigentes do aparato matemático.

As disciplinas de Cálculo, tanto Cálculo Diferencial e Integral, como também as de Equações Diferenciais Ordinárias - EDO, ministradas nas universidades nos cursos da área de exatas, pesquisas têm evidenciado os altos índices de reprovação nestas disciplinas, como mostra a pesquisa de Rafael e Escher (2015) que informa que no curso, por exemplo, de Engenharia de Produção, Civil, Ambiental e Sanitária, de uma universidade privada do Rio de Janeiro, nos anos de 2013, 2014 e 2015.1, a média geral de reprovação em Cálculo I foi de 42% a 48%. Destacam ainda que o caso é tão recorrente que em alguns semestres, a não-aprovação ultrapassava 50% do percentual de alunos das turmas. Outra pesquisa como a de Nascimento *et al.* (2018) apresentam os índices de reprovação na disciplina de Cálculo Diferencial e Integral I (Cálculo I) entre os semestres 2016.1 e 2017.2, de uma universidade federal de Campina Grande, apresenta que ocorreu o maior índice de reprovação, totalizando 43,2% reprovados por nota nesta disciplina de Cálculo.

E podemos constatar que na turma de Licenciatura em Física da UFMA, essa realidade não é diferente. Há também índice alto de reprovações nas disciplinas de Cálculo, e assim ocorre na disciplina de EDO.

Nesse sentido, a Educação Matemática surge para auxiliar os professores na compreensão desses processos de ensino e aprendizagem, e complementa Barbosa (2004) que a falta de sentido na aprendizagem de cálculo pode originar, em parte, dificuldades decorrentes do fenômeno de transposição didática.

Nesse contexto é que propusemos a realização do projeto na disciplina de EDO e que será relatado a seguir.

3 Metodologia

A disciplina de Equações Diferenciais Ordinárias - EDO foi ministrada no período de 2021.2, no curso de Licenciatura em Física, sendo que o total de alunos eram de 42 alunos, sendo 5 do curso do Bacharelado Interdisciplinar de Ciências e Tecnologia, 3 do Bacharelado em Física, e os demais da Licenciatura. Desses alunos, apenas 12 a cursavam pela primeira vez a disciplina, e o restante cursava pela segunda vez (praticamente metade da turma), e outros pela terceira vez.

Analisando a situação desta turma, foi proposto a execução de um projeto interdisciplinar. O dividimos em 3 partes, a saber:

- Aulas teóricas por meio do Google Meet: ministradas de forma online nos dias de terças-feiras para aula e discussão do conteúdo,
- Atividades offline: passadas nos dias de quintas-feiras no ambiente virtual de aprendizagem,
- Visita ao Espaço Firmamento da Ciência - o Planetário para o desenvolvimento da prática.

Para a avaliação dos alunos realizamos:

- Uma avaliação oral realizada de forma remota (online) e individual;
- Uma avaliação escrita e individual;

- Uma atividade de análise de gráficos feito no GeoGebra e individual;
- Elaboração dos relatos de experiências sobre a prática, feita em grupo;
- Realização de um Webinário, em que os alunos apresentaram seus relatos, feita em grupos.

A teoria é essencial para se aprender os conteúdos, mas a prática ajuda o aluno a compreender a realidade no qual está inserido. Partimos, então da teoria referente ao estudo das equações diferenciais e na visita ao planetário (ver figura 1), os alunos puderam observar os variados experimentos que envolviam a aplicabilidade das equações diferenciais.

Figura 1: Visita ao planetário.

Fonte: Autoria própria.

Para a visita, dividimos em 8 grupos, de 6 alunos cada, aproximadamente. Destes, 4 grupos visitaram num dia, e no dia seguinte, os demais grupos. A visita tinha como objetivo observar os experimentos, e dentre eles, escolher um para que o grupo elaborasse o relato de experiências. Desses relatos dividimos em duas partes, a parte 1 refere-se aos relatos que tem experimentos por meio de simuladores computacionais, e a parte 2 refere-se aos modelos apenas descritos e discutidos.

Foi perceptível a participação ativa dos alunos, na atividade prática fizeram questionamentos aos ministrantes, desenvolveram experimentos, ou seja, puseram a "mão na massa". Foi notório a satisfação e os entusiasmo deles nesta atividade e a do GeoGebra, quando foi solicitado a eles que resolvessem a equação e fizessem o gráfico (ver figura 2):

Figura 2: Resposta de um aluno ao ser solicitado para responder utilizando o GeoGebra.

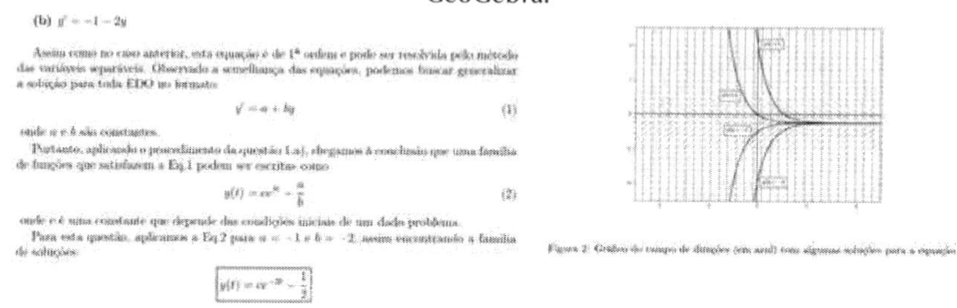

Fonte: Autoria própria.

Podemos observar o cuidado que o aluno teve com a escrita matemática. Aos poucos foram adquirindo o hábito de escrever matematicamente correto, colocando as expressões adequadas e os símbolos matemáticos convenientes.

Na sequência das atividades, para o encerramento do projeto, foi desenvolvido um Webinário, que ocorreu em dois dias, cujo tema foi "Relatos de Experiências: Aplicabilidades de Equações Diferenciais". Nesse Webinário contamos com a colaboração de 6 professores de Matemática da UFMA que apresentaram palestras com temas bem pertinentes ao estudo de equações diferenciais; teve a participação de um professor de Física, responsável pelo planetário; e claro, a participação dos alunos da disciplina que tiveram a oportunidades de apresentar seus relatos à comunidade acadêmica.

4 Resultados

Os autores Boyce e Diprima (2010) afirmam em sua obra que uma das dificuldades em resolver equações de primeira ordem é que existem diversos métodos de resolução, cada um dos quais podendo ser usado em determinado tipo de equação. Pode levar algum tempo para se tornar proficiente em escolher o melhor método para uma equação.

Partindo dessa afirmação, foi solicitado aos alunos que resolvessem questões de equações diferenciais, e as que foram dadas uma condição inicial, também era para encontrar a solução que satisfizesse a equação.

Como resultado deste trabalho destacamos aqui algumas questões de exercícios resolvidos pelos alunos:

Figura 3: Reconhece o método.

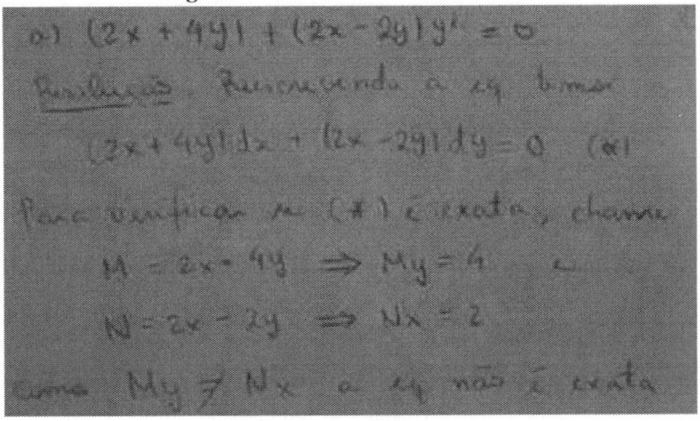

a) $(2x + 4y) + (2x - 2y)y' = 0$

Resolução: Reescrevendo a eq. temos

$(2x + 4y)dx + (2x - 2y)dy = 0$ (*)

Para verificar se (*) é exata, chama

$M = 2x + 4y \Rightarrow M_y = 4$ e

$N = 2x - 2y \Rightarrow N_x = 2$

Como $M_y \neq N_x$ a eq. não é exata

Fonte: Autoria própria.

Na figura 3 percebemos que o(a) aluno(a) tem maturidade na escrita matemática, ou seja, disserta bem, utiliza corretamente os símbolos matemáticos, compreende as definições e reconhece o método que deve utilizar para resolver a equação.

Figura 4: Verificar se é solução.

2) a) $y = 3t + t^2$

$y' = 3 + 2t$

Substituindo na EDO $ty' - y = t^2$:

$t(3 + 2t) - (3t + t^2) = t^2$

$3t + 2t^2 - 3t - t^2 = t^2$

$t^2 = t^2$

Logo $y = 3t + t^2$ é solução de $ty' - y = t^2$

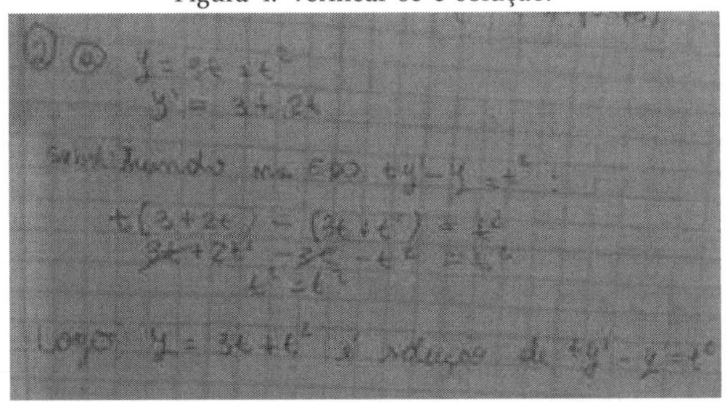

Fonte: Autoria própria.

Na figura 4 o(a) aluno(a) disserta a solução, e apesar de não apresentar uma linguagem tão formal da matemática, mas ele (ela) demonstra resolver a equação, atingindo o objetivo proposto da questão.

Figura 5: Solução incompleta.

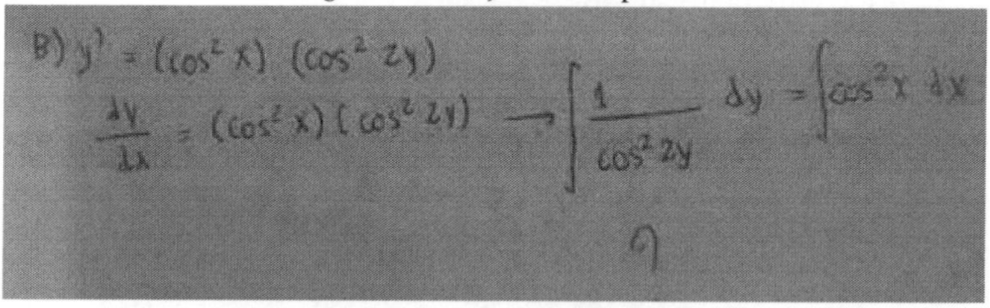

Fonte: Autoria própria.

Nesta figura 5, percebemos que o(a) aluno(a) identifica o método de resolução, porém ao se deparar com a integral, não consegue ir mais adiante. Observamos que há deficiência no estudo do cálculo da integral.

Em suma, ao analisar as atividades vimos que, em sua maioria, os alunos adquiriram experiência na dissertação das soluções. Apresentaram um bom desenvolvimento na escrita matemática, algumas identificavam os métodos, conseguiam fazer por completa as questões solicitadas, outras apresentavam dificuldades, nos exercícios que envolviam cálculos de integral e de derivada. Dificuldades estas que já vinham de disciplinas anteriores, como as de Cálculo Diferencial e Integral.

5 Conclusão

A disciplina de EDO ministrada na forma de projeto propiciou uma aprendizagem mais significativa aos alunos do curso de Física. Os alunos puderam vivenciar experimentos, ver a aplicabilidades das equações diferenciais além da sala de aula.

Isso mostra que a teoria e a prática não devem estar desassociadas.

Houve aprendizado também na parte computacional, vários alunos utilizaram simuladores para seus experimentos, e sobre o GeoGebra puderam trabalhar mais a questão das análises de gráficos.

Referências

BARBOSA, Augusto Cesar de Castro; CONCORDIDO, Cláudia Ferreira Reis; CARVALHAES, Cláudio Gonçalves. **Uma Proposta de pré-cálculo com ensino colaborativo.** *In*: COLÓQUIO DE HISTÓRIA E TECNOLOGIA DO ENSINO DA MATEMÁTICA, 2., 2004, Rio de Janeiro. **Anais** [...]. Rio de Janeiro: UERJ, 2004. 1 CD-ROM.

BELTRÃO, M. E. P. **Ensino de Cálculo pela Modelagem e Aplicações- Teoria e Prática.**2009. 320 f. Tese (Doutorado em Educação Matemática)- Pontifícia Universidade Católica de São Paulo, São Paulo, 2009.

BOYCE, W. E. ; DIPRIMA, R. C. **Equações Diferenciais Elementares e Problemas de Valores de Contorno.** Tradução Valéria de Magalhães Iorio. 7. ed. Rio de Janeiro: LTC, 2010.

NASCIMENTO, Ketly dos Santos *et al.* **Análise do índice de reprovação e evasão na disciplina de cálculo diferencial e integral I da UFCG - Cuité.** CONGRESSO NACIONAL DE PESQUISA E ENSINO EM CIÊNCIAS, 3., 2018, Recife. **Anais** [...]. Recife: Realize, 2018. Disponível em: http://www.editorarealize.com.br/revistas/conapesc/trabalhos/TRABALHO_EV107_MD1_SA10_ID367_28052018213742.pdf Acesso em: ago 2022

RAFAEL, Rosane Cordeiro. ESCHER, Marco Antônio. **Evasão, baixo rendimento e reprovações em cálculo diferencial e integral: uma questão a ser discutida.** *In:* ENCONTRO MINEIRO DE EDUCAÇÃO MATEMATICA, 7., 2015. São João Del-Rei. **Anais** [...]. São João Del-Rei. Disponível em: http://www.ufjf.br/emem/files/2015/10/EVAS%C3%83O-BAIXO-RENDIMENTO-E-REPROVA%C3%87%C3%95ES-EM-C%C3%81LCULO-DIFERENCIAL-E-INTEGRAL-UMA-QUEST%C3%83O-A-SER-DISCUTIDA-2.pdf. Acesso em: agos 2022.

PARTE 2.1

OS MODELOS MATEMÁTICOS E ANÁLISE DE DADOS COLETADOS POR MEIO DE EXPERIMENTOS DESENVOLVIDOS EM APLICATIVOS COMPUTACIONAIS

APLICABILIDADE DA EQUAÇÃO DIFERENCIAL NO CIRCUITO — RC

Alberth Gomes de Oliveira
Anthony Brito Silva
Carlos Levy Lourenço Costa
Nayckel Gilbessias Rodrigues Ferreira

1 Introdução

O presente estudo foi desenvolvido por meio de um projeto da disciplina de Equações Diferenciais Ordinárias, no curso de Física da UFMA[1]. Buscou descrever que as Equações Diferenciais têm aplicabilidades em várias áreas, como na Construção Civil, Biologia, Economia, e principalmente, na física.

As aplicações na Física são as mais diversas e para compreendermos melhor tais aplicações, fizemos uma visita ao Planetário da UFMA, no Ilha da Ciência.

Nessa visita, nós, alunos do Curso de Física, nos deparamos com vários experimentos durante o trajeto à visita. Dentre os experimentos, um nos chamou a atenção - o circuito elétrico paralelo, anexado ao circuito elétrico em série.

Portanto, foi explicado o processo do funcionamento, da seguinte maneira: a corrente elétrica atuando num circuito elétrico em série, torna-se a mesma

[1]Universidade Federal do Maranhão.

Figura 1: Circuito Elétrico em Série, em funcionamento, no Planetário da UFMA.

Fonte: Autoria própria.

em todos os pontos. Assim, as cargas são compartilhadas, ou seja, ligadas e as correntes nas cargas são iguais.

Sobre esse assunto, temos o exemplo numa aplicação prática, o funcionamento de um desfibrilador. Dessa forma sabemos que a energia que é armazenada no campo elétrico, através do capacitor, que converte em outras formas de energia, quase sempre em calor, no resistor. Sabe-se que não é algo rápido, pois um leva certo tempo em cada tipo de circuito, pois depende dos valores R e C.

Considerando que o circuito elétrico foi o que mais nos chamou a atenção, logo escolhemos o Circuito Elétrico - RC para apresentarmos em nosso relato.

2 O circuito RC

Um circuito elétrico é um circuito fechado no qual os elementos elétricos do circuito estão ligados por um meio condutor. O fluxo de partículas com carga elétrica (corrente elétrica), passa por esses componentes causando a Diferença de Potencial -DDP (também chamada de tensão elétrica), em cada componente (IRWIN; NELMS, 2013). Esta diferença de potencial elétrico entre dois pontos de um circuito, segundo Araújo (2014), pode representar tanto uma fonte de energia quanto a energia "perdida" ou armazenada (queda de tensão), tendo como unidade de medida o *Volt*. Os elementos que compõem o circuito e a disposição dos componentes determinam sua classificação. Ou seja, o modo em que o circuito está montado, a ligação entre os elementos do circuito pode ser em dois arranjos, em série ou paralelo.

Neste presente trabalho utilizamos apenas circuito do tipo RC em Série. Tais circuitos RC são compostos por resistores e capacitores.

O resistor é um dispositivo eletrônico que, de acordo com Araújo (2014), pode ser usado com duas finalidades, a de transformar energia elétrica em energia térmica, isto por meio do efeito *joule* e a de oferecer uma barreira a passagem da corrente elétrica em um circuito, por causa de seu material. Tal barreira dá-se o nome de resistência (R), quanto maior a resistência maior a resistência elétrica do resistor, ou impedância, um resistor pode ser *ôhmico* e *não-ôhmico*, no caso do circuito RC é *ôhmico*, ou seja, segue a Lei de Ohm e sua unidade de medida, o *Ohm*:

$$R = I \cdot V,$$

(tensão (V), a corrente elétrica (I) e resistência elétrica (R)).

Em um resistor, existe uma conversão de energia elétrica térmica, dada pelo efeito *Joule*: a potência dissipada é

$$P = I^2 \cdot R.$$

O capacitor é um componente que armazena a carga elétrica, podendo assim, conforme Araújo (2014) assumir o papel de fonte do circuito, descarregando toda a carga acumulada nos demais componentes do circuito. Isto é, um capacitor armazena energia elétrica. Esta energia total armazenada é dada por:

$$U = \frac{1}{2}CV^2 = \frac{Q^2}{2C}.$$

A função básica de um capacitor, segundo Machado (2012), é acumular cargas, até um certo valor máximo que depende de cada capacitor. Já os resistores, tem como função dissipar energia, em geral, na forma de calor.

Vale ressaltar, que o circuito em série é composto de apenas uma malha, este circuito apresenta três características importantes. São elas: Fornece apenas um caminho para a circulação da corrente elétrica; a intensidade da corrente é a mesma ao longo de todo o circuito em série; e o funcionamento de qualquer um dos dispositivos depende do funcionamento dos dispositivos restantes.

Este circuito em série pode ser modelado por uma Equação Diferencial Ordinária (EDO). Em um circuito elétrico que existe um único componente que armazena energia elétrica, ele é modelado por uma equação diferencial de primeira ordem. Já os circuitos onde dois componentes armazenam energia elétrica, são representados por equações diferenciais de segunda ordem. Vale ressaltar, que a corrente elétrica é dada por uma função que depende do tempo (t), da resistência (R), da indutância (L), da Capacitância (C).

Onde normalmente são constantes conhecidas a Carga total (Q) no capacitor no instante (t); a corrente $I(t)$ é a taxa de variação da carga em relação ao tempo, ou seja,

$$I = Q'(t).$$

E a tensão será representada por E(t), uma função em relação ao tempo que é dada de acordo com a segunda Lei de *Kirchhoff* (Lei essa que será explicada mais a frente),

$$LI' + RI + \frac{Q}{C} = E(t).$$

Logo, para encontrar a carga, temos,

$$LQ'' + RQ' + \frac{Q}{C} = E(t).$$

Derivando mais uma vez, em relação à (t), temos,

$$LQ''' + RQ'' + \frac{Q'}{C} = E'(t).$$

Utilizando as relações entre corrente (I) e carga (Q), na equação acima, encontra-se a equação diferencial para a corrente, que é dada por:

$$LI'' + RI' + \frac{I}{C} = E'(t).$$

Algumas Leis da Física são fundamentais para a análise de circuitos elétricos, destacando-se a Lei de *Ohm* e as Leis de *Kirchhoff*.

A Lei de *Ohm* afirma que para uma determinada classe de materiais condutores, mantidos à mesma temperatura, tem-se que a razão entre a tensão (V) e a corrente elétrica (I), em dois pontos distintos do condutor, será dada por uma constante definida como resistência elétrica (R),

$$R = \frac{V}{I}.$$

A Primeira Lei de *Kirchhoff* também conhecida como a Lei das Correntes ou Lei dos Nós. Afirma que em um nó (ponto de junção ou encontro entre diferentes caminhos possíveis para a corrente elétrica em um circuito), a soma das correntes elétricas que entram é igual à soma das correntes que saem, ou seja, um nó não acumula carga. Isto devido ao Princípio da Conservação da Carga Elétrica, o qual estabelece que num ponto qualquer a quantidade de carga elétrica que chega deve ser exatamente igual à quantidade que sai. Em outras palavras, esta lei estabelece que é nulo o somatório das correntes incidentes em qualquer "nó" de um circuito elétrico,

$$\sum i = 0.$$

O nó (figura 2) em um circuito elétrico, nada mais é que um ponto de união entre dois ou mais componentes de um circuito, ou entre um componente e a massa. Logo,

$$I_1 = I_2 + I_3,$$
$$I_1 - I_2 - I_3 = 0.$$

Nota-se, que sempre se utiliza a Lei dos Nós para circuitos que possuem componentes em paralelo.

A Segunda Lei de *Kirchhoff* também conhecida como a Lei das Tensões ou Lei das Malhas afirma que a soma (soma algébrica) de todas as quedas de tensão ao longo de uma malha de um circuito é nula. Lembrando que uma queda de tensão é positiva quando estamos indo de um ponto a outro no sentido da corrente, é negativa quando em sentido oposto. Em outras

Figura 2: Encontro de duas ou mais correntes de um circuito elétrico.

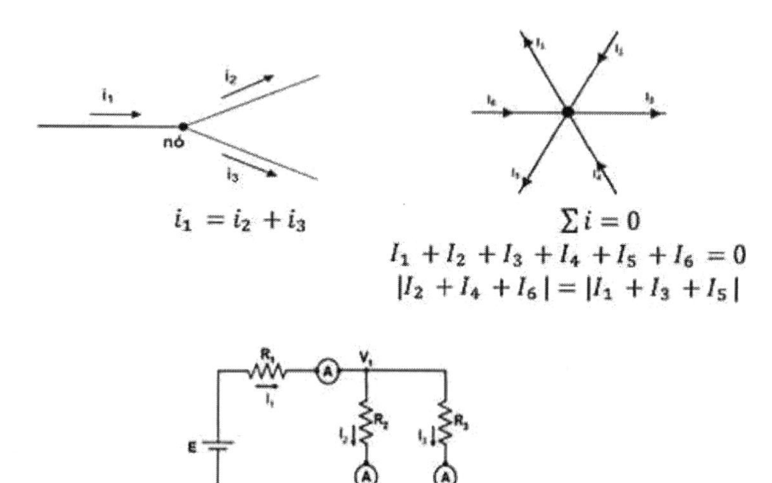

Fonte: Morais, 2022.

palavras, essa Lei estabelece que é nulo o somatório das quedas e elevações de tensão ao longo de um caminho fechado de um circuito elétrico;

$$\sum v = 0,$$

ou seja,

$$V_1 + V_2 + \cdots + V_n = 0,$$
$$R_1 I_1 + R_2 I_2 + \cdots + R_n I_n = 0.$$

O conhecimento e compreensão da Segunda Lei de *Kirchhoff* é importante porque é aplicada a todos os circuitos com componentes associados em série.

3 Experimento com um Simulador Virtual

Para o desenvolvimento do experimento, inicialmente estudamos as definições, leis e os métodos de solução para a equação diferencial, e em seguida, fizemos a aplicação destes conceitos no problema de circuito elétrico RC que foi modelado pela equação diferencial.

Utilizamos o *Circuit Simulator Applet*[2] para desenvolvermos o experimento.

O problema proposto: Determinar a função $I(t)$ do circuito RC em série, onde $R = 8\Omega$, $V = 24V$ e $C = 2F$, levando em conta que a carga no tempo $t = 0$ é dada por $Q_0 = 0$. (Os valores criados foram meramente ilustrativos).

Figura 3: Modelagem de um circuito RC no *Circuit Simulator Applet.*

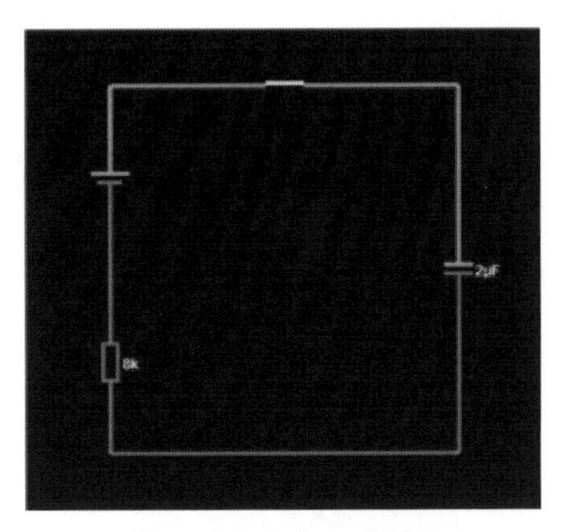

Fonte: Autoria própria.

Sabendo que corrente é a taxa de variação da carga em relação ao tempo, temos,

$$I(t) = Q'(t).$$

Pela Segunda Lei de *Kirchhoff,* sabemos que a tensão da fonte é a soma das tensões sobre os componentes, ou seja:

$$V = VR + Vc.$$

Logo,

$$V = IR + \frac{Q}{C}.$$

[2]falstad.com.

Aplicando os valores dados no problema, temos:

$$24 = 8Q' + \frac{Q}{2}.$$

Reescrevendo a equação, temos:

$$Q' + \frac{Q}{16} = 3.$$

Nota-se que é uma equação diferencial linear de primeira ordem, usaremos o fator integrante, para encontramos a solução, logo,

$$\mu(t) = e^{\int \frac{1}{16}t}$$

ou

$$\mu(t) = e^{\frac{t}{16}}, \quad \text{onde} \quad t \geq 0.$$

Assim,

$$e^{\frac{t}{16}}Q' + e^{\frac{t}{16}}\frac{Q}{16} = 3e^{\frac{t}{16}}.$$

Reescrevendo a equação, obtemos:

$$\left[e^{\frac{t}{16}}Q'\right] = 3e^{\frac{t}{16}}.$$

Integrando em relação à x:

$$e^{\frac{t}{16}}Q = \int 3e^{\frac{t}{16}}\,dt.$$

Resolvendo a integral:

$$3\int e^{\frac{t}{16}}\,dt \Rightarrow 3\int 16e^{u}\,du \Rightarrow 3 \cdot 16\int e^{u}\,du = 48e^{u} = 48e^{\frac{t}{16}} + C.$$

Logo,

$$e^{\frac{t}{16}}Q = 48e^{\frac{t}{16}} + C,$$

isto é,

$$Q = \frac{48e^{\frac{t}{16}} + C}{e^{\frac{t}{16}}}, \quad t \geq 0,$$

ou seja,

$$Q = 48 + Ce^{\frac{t}{16}}, \quad t \geq 0.$$

Considerando $t = 0$ e aplicando as condições iniciais, temos,

$$Q(t) = 48 - 48e^{\frac{t}{16}}.$$

Derivando, encontramos a função que descreve o comportamento da corrente em relação ao tempo:

$$\frac{d}{dt}\left(48 - 48e^{\frac{t}{16}}\right) = \frac{d}{dt}(48) - \frac{d}{dt}\left(48e^{\frac{t}{16}}\right) = 0 - \left(3e^{\frac{t}{16}}\right) = 3e^{\frac{t}{16}}.$$

Podemos visualizar a modelagem da solução da Equação Diferencial Ordinária (EDO) na figura 4.

Figura 4: Modelagem da solução da EDO, função $I(t)$ no GeoGebra.

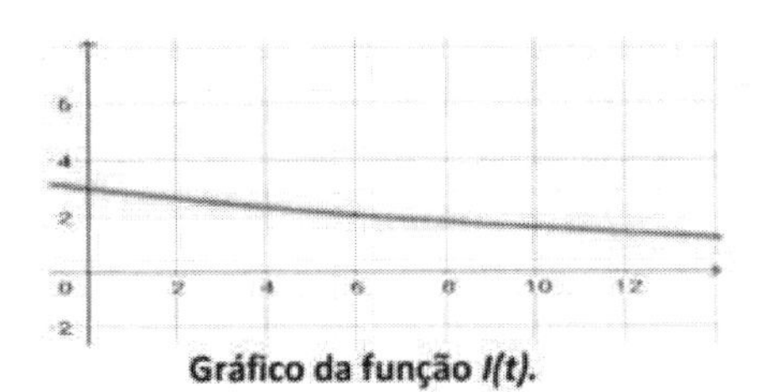

Fonte: Autoria própria.

Esse simulador virtual serve como parâmetro para abordagens que demonstrem como funcionam os estudos de um dado circuito. Vale ressaltar que recursos de um simulador virtual nem sempre refletem a realidade de um laboratório físico.

Como vimos, nesse experimento colocarmos os dados no simulador virtual, assim obtivemos todos os valores, e por último, esses valores foram desenvolvidos por meio de uma equação diferencial do respectivo circuito.

4 Conclusão

Durante este estudo, tivemos a oportunidade de conhecer um pouco mais sobre as equações voltadas para os circuitos elétricos e, sobretudo, para o Circuito - RC, visando investigar e entender um pouco mais sobre os circuitos e seus componentes; analisando e deduzindo as leis aplicadas em circuitos em sua forma diferencial.

Além disso, pudemos conhecer e utilizar o método de solução dos circuitos por meio das Equações Diferenciais Ordinárias (EDO). Logo, obtivemos uma enriquecedora experiência qualitativa e grande valor de conhecimento na nossa formação acadêmica ao desenvolvermos este trabalho, o qual serviu para aprofundarmos nosso conhecimento em equações diferenciais. Tal disciplina que é tão útil no Curso de Física.

No desenvolvimento desse projeto observamos que os modelos de equações diferenciais lineares estão bastante presentes no estudo de circuitos elétricos, tal como, em outras questões na área da Física.

A elaboração deste projeto que tratou das aplicabilidades das equações diferenciais nos possibilitou um olhar mais amplo e interdisciplinar para as diversas áreas da Física, com isso, observamos a importância que o estudo teve em mostrar os laços necessários entre a Física e a Matemática.

É com satisfação que chegamos aos resultados esperados, enfatizando que é fundamental o entendimento de solução de EDO com o objetivo de resolver os problemas presentes em circuitos elétricos e demais problemas físicos.

Sugerimos, entretanto, uma maior cooperação entre os cursos de Física e Matemática para a elaboração de projetos e desenvolvimento de atividades interdisciplinares, tendo em vista que as equações diferenciais perpassam todo o curso de Física, desde aplicações em Mecânica, Eletromagnetismo até a Mecânica Quântica.

Referências

ARAÚJO , Camila Duarte de. **Equações diferenciais aplicadas em circuitos elétricos.** Trabalho de Conclusão de Curso - Universidade Tecnológica Federal do Paraná, Paraná, 2014.

IRWIN, J.D; NELMS, R.M. **Análise Básica de Circuitos para Engenharia**. Rio de Janeiro: LTC, 2013.

MACHADO, Kleber Daum; **Equações diferenciais aplicadas à Física**. - 3.ed. - Ponta Grossa: Editora UEPG, 2004.

MORAIS, Paulo Vitor de. **Leis de Kirchhoff**. Disponível em: https://www.iq.unesp.br/Home/Departamentos/FisicoQuimica/laboratoriodefisica/aula-iii_as_leis_de_kirchhoff.pdf Acesso em fev 2022

MASSA E MOLA: ESTUDO E APLICAÇÃO DE EQUAÇÃO DIFERENCIAL

Brian Bandeira Brandão
Cláudio Lísias Mendes Silva
Guilherme Ellian Morais Machado
Jeiel Fernandes Lima Verde
Kleyton Araújo da Silva

1 Introdução

Este trabalho apresenta um estudo e aplicação de um modelo diferencial de segunda ordem em um sistema de massa-mola, com o enfoque na constante elástica de uma liga amarela. Propusemos a construção de um sistema de massa-mola simples para comparar com o modelo matemático. Esse estudo é o resultado de um projeto desenvolvido na disciplina de Equação Diferencial Ordinária, que consistia em observar os experimentos físicos e os modelos matemáticos que os descreviam. O local escolhido para as observações dos experimentos físicos foi o Planetário Ilha da Ciência - UFMA. A partir daí, escolhíamos um dos experimentos para se fazer o estudo, em nosso caso o experimento escolhido foi o já citado, sistema de massa-mola. O local escolhido para as observações dos experimentos físicos foi o Planetário Ilha da Ciência - UFMA.

Na visita ao planetário foi observado e discutido os diversos experimentos em exposição, tais experimentos que demonstravam o funcionamento de diversas leis e conceitos da física, como o funcionamento de máquinas a vapor, interações entre imãs, a produção de descargas elétricas, centro de gravidade e sua atuação em um objeto em movimento. A visita teve como objetivo a observação de como as equações diferenciais atuam nas diferentes áreas da Física e suas aplicações.

A humanidade desde o começo de sua existência procurou entender como o mundo funciona e os fenômenos naturais que nele os regem. A linguagem matemática é uma ferramenta essencial para explicar esses fenômenos físicos.

O estudo desenvolvido nesse trabalho é um dos milhares estudos dentro da Física para o entendimento básico de um corpo com uma massa qualquer presa a uma mola que sofre deformação através da força gravitacional. No entanto, o experimento desenvolvido buscou utilizar os dados coletados por meio de um simulador virtual e esses dados foram aplicados no modelo matemático que envolve equações diferenciais.

2 Princípios Básicos da Física

Para o estudo, é essencial que saibamos os princípios básicos que a Física possui, conceitos esses já formulados por Isaac Newton e Robert Hooke, até a aplicação da Equação Diferencial.

Para Nussenzveig (2002), com os princípios conceituais da Física é possível chegar ao conceito de movimento, ou a ideia por trás do movimento. O movimento é afetado pela ação que denominamos de força, e através dessa ideia de que geralmente costumamos dizer que um corpo está em movimento, pois há uma força sobre ele fazendo que este corpo mude de posição.

Inicialmente, no experimento em que desenvolvemos neste estudo, as forças e os efeitos que ela produz foram analisados quando houve equilíbrio no sistema, e então consideramos a situação para formular métodos baseados nos conceitos e medir a constante elástica da liga, assim como, encontrar uma solução geral para o sistema proposto.

Conceitos de Isaac Newton para a descrição de movimento e força, como destaca Young et al (2016, p.110):

> Os princípios da dinâmica foram claramente estabelecidos pela primeira vez por Isaac Newton (1642-1727); hoje, eles são conhecidos como as

> Leis de Newton do movimento. A primeira afirma que, quando a força resultante que atua sobre um corpo é igual a zero, o movimento do corpo não se altera. A segunda lei de Newton afirma que um corpo sofre aceleração quando a força resultante que atua sobre um corpo não é igual a zero. A terceira lei é uma relação entre as forças de interação que um corpo exerce sobre outro. Newton não derivou as três leis do movimento, mas as deduziu a partir de uma série de experiências realizadas por outros cientistas, especialmente Galileu Galilei (que faleceu no ano do nascimento de Newton). As leis de Newton são o fundamento da mecânica clássica (também conhecida como mecânica newtoniana); aplicando-as, podemos compreender os tipos mais familiares de movimento.

Pela segunda Lei de Newton, para qualquer dado objeto, o módulo da aceleração é diretamente proporcional ao módulo da força resultante que atua sobre o corpo, assim para um corpo qualquer, a razão entre o modulo $|\sum \vec{F}|$ da força resultante e o modulo da aceleração $a = |\vec{a}|$ é constante, independentemente do modulo da força resultante,

$$m = \frac{\left|\sum \vec{F}\right|}{a} \quad \text{ou} \quad \left|\sum \vec{F}\right| = ma \quad \text{ou} \quad a = \frac{\left|\sum \vec{F}\right|}{m}.$$

Por outro lado, o peso de um corpo é a força de atração gravitacional exercida pela Terra sobre este corpo. Massa e peso se relacionam, assim podemos dizer que um corpo que possui massa grande também possui peso grande.

Vejamos a imagem que explica a relação entre a massa e o peso de um corpo:

Figura 1: Relação entre massa e peso de um corpo.

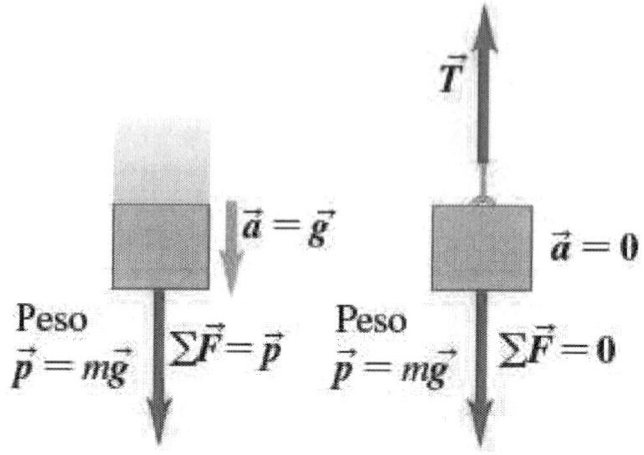

Fonte: Física I, Sears e Zemansky (2016).

O módulo P do peso de um corpo é diretamente proporcional a sua massa m. O peso de um corpo é uma força, uma grandeza vetorial, de modo que podemos escrever como uma equação vetorial:

$$\vec{p} = m\vec{g}.$$

Halliday (2008, p.162) comenta em sua obra que Robert Hooke, cientista inglês do final do século XVII, essencialmente mecânico e meteorologista nascido em *Freshwater, na Isle of Wight,* formulou a teoria do movimento planetário e a primeira teoria sobre as propriedades elásticas da matéria.

Hooke começou como assistente de laboratório de Robert Boyle (1655), e posteriormente seu colaborador nos estudos sobre gases, mostrando-se ser um exímio experimentador e ter forte inclinação para a mecânica. Pioneiro nas hipóteses de que as tensões tangenciais são proporcionais às velocidades de deformação angular e de que as componentes normais são funções lineares das velocidades de deformação, seu primeiro invento foi o relógio portátil de corda (1657) e enunciou a lei da elasticidade ou Lei de Hooke (1660), na qual as deformações sofridas pelos corpos são, em princípio, diretamente proporcionais às forças que se aplicam sobre eles. Destaca Young (2016, p.203):

> A observação de que a forca é diretamente proporcional ao deslocamento quando este não é muito grande foi feita em 1678 por Robert Hooke, sendo conhecida como lei de Hooke. Na realidade, ela

não deveria ser chamada de "lei", visto que é uma relação específica e não uma lei fundamental da natureza.

A Lei de Hooke, trata sobre a percepção que a mola exercia uma força (F) na direção contrária ao alongamento da mola, estabelecendo assim a seguinte lei:

$$F_e = -kx,$$

onde k é uma constante denominada constante da força e x o alongamento em uma mola.

Assim nosso experimento terá um sistema adotado por massa e mola da seguinte forma:

Figura 2: Sistema de massa e mola do experimento.

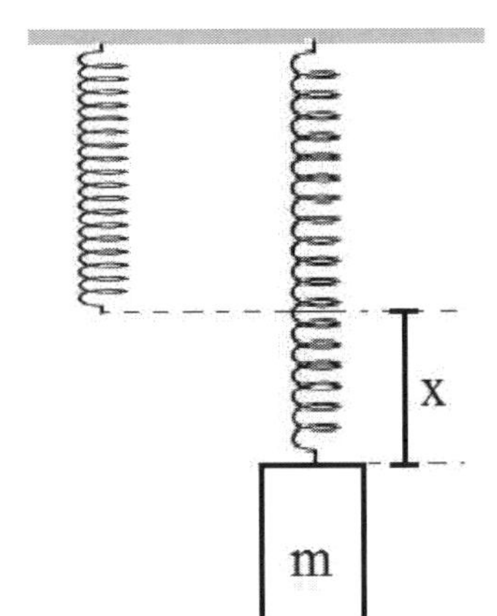

Fonte: Autoria dos alunos.

Quando tratamos do cálculo diferencial, assunto este inicialmente desenvolvido por Isaac Newton e Gottfried Leibniz para descrever as leis da natureza. É comum encontrarmos problemas no estudo da Física e estes serem modelados através das equações diferenciais. A partir daí desenvolvidos vários métodos para a resolução dos problemas ao estudo.

Durante o desenvolvimento deste projeto, nós buscamos o melhor método para a resolução do problema para o experimento escolhido – sistema massa-mola. Levando em consideração os estudos de equações diferenciais desenvolvidos em aula, tais como, se a equação diferencial é linear ou não-linear, tipos de métodos de resoluções de equações diferenciais, dentre outros, partimos para o desenvolvimento do experimento, e conseguinte, para descrever o modelo matemático que rege o sistema de massa e mola, demonstrando cada passo e mostrando cada passagem até chegarmos à solução geral do nosso experimento.

3 O Modelo Matemático do Sistema Massa-Mola — Uma Descrição

Um oscilador harmônico é um sistema onde ocorre movimentos periódicos, cuja análise é dada por uma equação desses movimentos. Esta equação é uma equação diferencial, e sua solução é um movimento harmônico simples (MHS). No sistema massa-mola, "um MHS equivale a uma oscilação, quando a força restauradora é diretamente proporcional ao deslocamento da posição de equilíbrio" (YOUNG *et al.*, 2016).

Conforme a segunda Lei de Newton ($F = ma$), a força resultante, que atua sobre um corpo e é igual ao produto de sua massa pela aceleração, sempre age no sentido dessa aceleração. Quando o sistema, em equilíbrio, é perturbado por uma força externa, a força restauradora surge com a função de restabelecer o equilíbrio desse sistema. Com esse processo, observa-se uma sequência de repetições dos movimentos ocasionados pelas forças, uma espécie de ciclos descritos pela série.

Devido aos ciclos gerados no sistema massa-mola, é necessário definir duas grandezas que estão atreladas à este fenômeno, que são o período e a frequência de oscilações. O período (T) é o tempo necessário para que um ciclo ocorra. Já a frequência (f) é o número de ciclos que ocorre no intervalo de tempo para um segundo (s). Essas grandezas não dependem da amplitude do movimento, elas só dependem da massa da partícula/corpo (m) e da constante da mola (k). Neste sistema existe também a frequência angular (ω), uma grandeza que possui valores dependentes do período e da frequência.

Assim como a frequência, ela depende apenas da massa da partícula/corpo e da constante da mola, e é dada por:

$$\omega = \sqrt{\frac{k}{m}}.$$

A constante da mola (k) é uma propriedade não variável que depende do tipo de material utilizado na fabricação da mola. Esta propriedade classifica as molas de acordo com a maior ou menor capacidade de deformação quando submetidas a forças em suas extremidades. Para uma mola com uma das extremidades presa e a outra livre, estando em sua posição de equilíbrio (repouso), quando aplicada a uma força sobre a extremidade livre (força exercida por uma massa de um corpo), a mola tenderá a alongar-se, ao passo que ela também exercerá uma força contrária ao seu alongamento.

Este fenômeno é conhecido como a Lei de Hooke ($F_e = -ks$), sendo k o valor da constante elástica da mola e s a distância deslocada.

Considerando agora a situação da figura 2 (a do sistema de massa e mola, apresentado anteriormente), onde um corpo de massa (m) é colocado na extremidade livre da mola, ocasionando uma deformação na mesma. Para que o equilíbrio seja restabelecido, uma força restauradora deve ser igual ao valor da força peso que atua sobre o corpo. Pela segunda Lei de Newton, para movimentos verticais a força peso é dada por:

$$P = mg.$$

Igualando as expressões da segunda Lei de Newton e da Lei de Hooke, assim como, na posição de equilíbrio, tem-se:

$$|P| = |F_e| \Rightarrow mg = ks \Rightarrow mg - ks = 0.$$

Aplicada a força externa devido à massa do corpo, então, pela Segunda Lei de Newton, e o sistema em equilíbrio para as forças verticais, temos que:

$$\sum F = ma.$$

Pode-se igualar a força externa aplicada no sistema à resultante do peso e da força restauradora, desprezando a ação de demais forças de retardamento que porventura possam agir sobre o sistema. Então temos:

$$ma = mg - k(x),$$

para $x = (s + \Delta x)$, para x da figura 2 (a do sistema de massa e mola, apresentado anteriormente). Assim:

$$ma = mg - k(s + \Delta x),$$

onde $(s + \Delta x)$ é a nova foça restauradora.

Desse modo, obtemos:

$$ma = -k\Delta x + (mg - ks).$$

Quando o sistema está em equilíbrio, após a colocação da massa, temos que $mg - ks = 0$, e, portanto,

$$a = -\frac{kx}{m}. \qquad \text{(I)}$$

A velocidade de uma partícula/corpo é dada pela variação da posição em função do tempo:

$$v = \frac{dx}{dt}.$$

A aceleração é dada pela variação dessa velocidade em função do tempo, em outras palavras, a aceleração do corpo é a derivada segunda da posição em função do tempo, dada como:

$$a = \frac{d^2x}{dt^2}. \qquad \text{(II)}$$

Por fim, substituindo a aceleração da equação (II) na equação (I), temos que:

$$\frac{d^2x}{dt^2} = -\frac{k}{m}x.$$

Logo, obtemos a expressão da equação de movimento do oscilador harmônico simples:

$$\frac{d^2x}{dt^2} + \frac{kx}{m} = 0. \qquad \text{(III)}$$

Esta equação diferencial (III) será analisada experimentalmente, para verificarmos que ela descreve o comportamento prático do sistema massa-mola.

4 Descrição Experimental

A visita ao "Ilha da Ciência", um laboratório de divulgação científica da UFMA, onde o seu principal objetivo é ensinar a Ciência numa linguagem mais "fácil" para a sociedade, divulga o ensino através de experimentos demonstrando as leis que regem a Física de maneira visual, lúdica e interativa. Criado em 1992, por meio do projeto Cientista do Amanhã, que tinha como proposta o Curso Mirim de Física, palestras de revisão e visitas aos laboratórios da UFMA. Em 1998 foi criado o espaço destinado à exposição, demonstrações experimentais e visitas acadêmicas. Recentemente adquiriu um Planetário e Telescópios (ver figura 3) para o ensino e divulgação de Astronomia.

Figura 3: Visita dos alunos da disciplina de Equação Diferencial do Curso de Física ao "Ilha da Ciência".

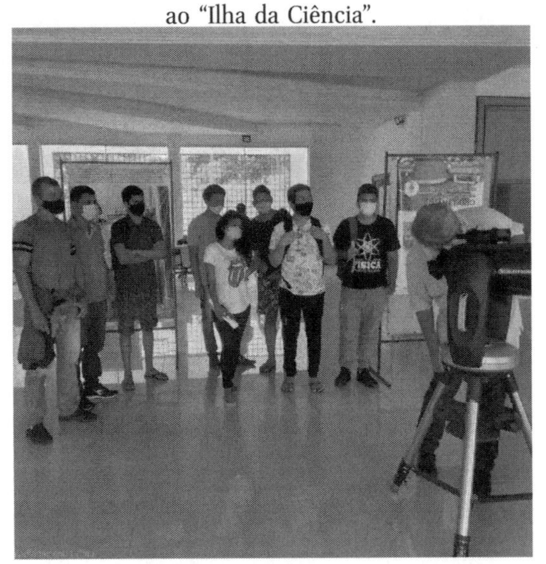

Fonte: Autoria própria.

Após essa visita com a demonstração experimentais do laboratório, os grupos formados na disciplina de Equação Diferencial Ordinária (EDO) poderiam escolher um experimento apresentado e demonstrar o modelo matemático que rege esse experimento. A escolha do experimento de nossa equipe foi justamente o sistema de massa-mola na qual descrevemos.

Para início do experimento, criamos o sistema para que pudesse ser observado o fenômeno natural, e mesmo utilizando materiais não muito precisos, pudemos fazer as anotações devidas e pôr em prática o desenvolvimento desse experimento.

Para esse experimento utilizamos os seguintes materiais, conforme figura 4: Ligas amarelas; régua milimetrada; barbante; gancho de aço, placa de vidro; tesoura; pincel atômico; cola instantânea; produtos de massas nominais, por exemplo, pacote de café (250 g); e o dinamômetro.

Figura 4: Materiais utilizados para o experimento.

Fonte: Autoria própria.

Foi fixado na liga um barbante (ver figura 5), em um dos lados, e opostamente um gancho de aço na liga. Todo esse conjunto foi preso à uma placa de vidro deixando livremente a liga para que possa ser alongada durante o experimento. Ao lado foi presa uma régua milimetrada com sua posição de 0 cm no nível inferior da liga (próximo ao gancho).

Figura 5: Demonstração inicial do experimento.

Fonte: Autoria própria.

Associando as equações ($P = mg$ e $|F_e| = K\Delta x$) e utilizando um objeto em que sua massa é conhecida iremos encontrar a constante elástica da liga.

Como dados, temos:

Massa nominal: $m = 500\,\text{g}$; $\Delta x = 10,5\,\text{cm} = 0,105\,\text{m}$; $g = 10\,\text{m}\,/\,\text{s}^2$,

$$K = \frac{mg}{\Delta x} \Rightarrow K = \frac{500 \cdot 10}{0,105} \Rightarrow K \approx 4,76 \times 10^4\,\text{N/m}\,.$$

Vale ressaltar que as medições foram várias vezes executadas e registradas as aproximações. Utilizamos a valor da constante da liga que encontrarmos por aproximação para então observar se é possível determinar o valor da massa de um corpo (utilizamos um objeto de massa nominal conhecida): $\Delta x = 5,3\,\text{cm} = 0,053\,\text{m}$; $g = 10\,\text{m/s}^2$; $K = 4,76 \times 10^4\,\text{N/m}$,

$$K = \frac{mg}{\Delta x} \Rightarrow 4,76 \times 10^4 = \frac{m \cdot 10}{0,053}$$
$$\Rightarrow 10 = 0,24276 \times 10^4 \Rightarrow m \approx 242,76\,\text{g}\,.$$

5 Conclusão

Após as análises matemáticas e físicas que resultaram na culminância deste trabalho sobre a relação em um sistema massa e mola, em que utilizamos as equações diferenciais, percebemos o comportamento do sistema mesmo com uma liga onde tem propriedades semelhantes a uma mola. Observamos também que as leis descritas por Newton e Hooke sobre as forças exercidas sobre um corpo e um sistema de massa, respectivamente, podem ser associados.

Apesar das dificuldades encontradas, como a falta de materiais mais precisos; medições com erros e local para realização experimental, o entendimento adquirido através da teoria e do experimental nos fizeram repensar como a disciplina Equações Diferenciais Ordinárias, que aos olhos dos alunos, é uma das disciplinas complicadas fez com que conseguíssemos observar a verdadeira natureza da disciplina e sua aplicabilidade na área da Física e que equação diferencial não é apenas algo abstrato, mas sim uma linguagem natural para a descrição dos fenômenos naturais

Referências

NUSSENZVEIG, H. Moyses. **Curso de Física Básica 1**. 4ª ed. São Paulo: Blucher, 2002.

RESNICK, R.; HALLIDAY, D.; KRANE, K. S. **Física 1**. 8ª ed. Rio de Janeiro: LTC, 2008.

YOUNG, Hugh D. **Física I**, Sears e Zemansky : mecânica / Hugh D. Young, Roger A.

FREEDMAN, A. Lewis Ford; tradução Daniel Vieira; revisão técnica Adir Moysés Luiz. - 14. ed. - São Paulo: Pearson Education do Brasil, 2016.

MODELAGEM MATEMÁTICA DO PÊNDULO SIMPLES

Ana Paula Rocha Ferreira

Laíse da Silva Lira

Leandro Claiver Costa Sampaio

1 Introdução

O objetivo desse estudo é demostrar como as equações diferenciais se manifestam naturalmente em muitas aplicações no mundo real. Assim foi criado um miniprojeto na disciplina de Equações Diferencial Ordinária - EDO com o intuito de oferecer aos alunos experiência prática no uso de EDO em experimentos físicos de laboratório. Para isso, a turma fez uma visita ao planetário para observar os experimentos e cada grupo escolher um experimento para verificar a modelagem matemática envolvida.

Então, em consenso com os participantes do grupo, foi escolhido o experimento do pêndulo simples, e devido ao momento de pandemia que vivíamos, optamos por utilizarmos um simulador, como o PhET, para a coletas de dados. É inquestionável a relevância que o estudo do pêndulo simples trouxe para a nossa vida acadêmica. Apesar de ser um experimento simples e fácil de ser montado, observamos as mais diversas aplicações, como a comprovação do movimento da terra, determinar a aceleração da gravidade, dentre outros.

2 Um Pouco de História sobre o Pêndulo

Galileu Galilei (1564 - 1642), um dos principais nomes associado ao rompimento do equilíbrio entre a filosofia especulativa, a matemática e a evidência experimental no estudo dos fenômenos físicos, principalmente ao estudo das propriedades do movimento. Foi um dos pioneiros a tentar matematizar o problema do movimento pendular. Os estudos informam que seu interesse pelo fenômeno se iniciou enquanto observava o movimento dos candelabros da catedral de Pisa. Galileu ficou intrigado com a evidência de que os períodos de oscilação eram os mesmos, não importando a amplitude de movimento. Segundo Sears et al. (2008), o pêndulo simples é um sistema físico que tem um corpo suspenso por um fio inextensível de massa desprezível e quando é puxado para a lateral a partir de seu estado de equilíbrio, ele é liberado e oscila em torno da sua posição de equilíbrio, sob a ação da gravidade.

Alguns objetos do nosso cotidiano podem ser identificados como pêndulos, podemos citar, o ponteiro de um relógio analógico que são fixados em um ponto e possuem um certo tamanho fixo, o seu ponteiro da hora demora 12 horas para completar uma volta, o dos minutos 60 minutos e o dos segundos, 3600 segundos para completar sua volta; há também o relógio de pêndulo, este possui um pêndulo que controla a medida do tempo a partir de suas oscilações; e o balanço da criança, nesse brinquedo, alguém ou a própria pessoa dá movimento a ele, que sempre volta para o mesmo ponto de partida depois de um certo período (SANTANA,2022).

Além do pêndulo simples existem outros tipos de pêndulos, como o pêndulo de Kater, que também mede a gravidade, e o pêndulo de Foucault, utilizado no estudo do movimento de rotação da Terra.

No pêndulo simples (Figura 1) o movimento é periódico de oscilação (T), ao tempo gasto para uma oscilação composta (ida e volta).

O período de oscilação para pequenas amplitudes é

$$T = 2\pi\sqrt{\frac{L}{g}}.$$

No pêndulo simples há 5 leis que o regem, são elas: O período de oscilação não depende da amplitude (para pequenas amplitudes); o período

Figura 1: Um pêndulo simples oscilando.

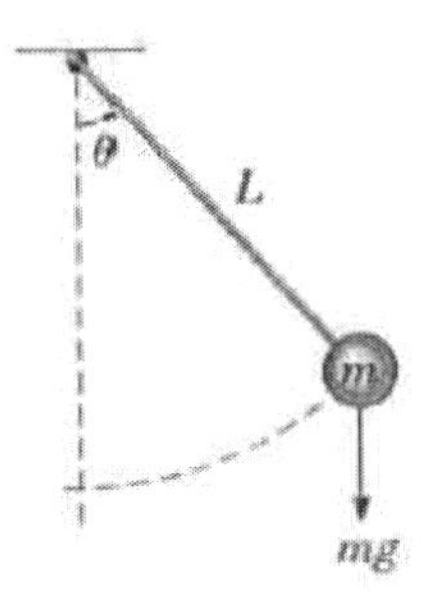

Fonte: Boyce (2010).

de oscilação não depende da massa pendular; o período de oscilação é diretamente proporcional à raiz quadrada do comprimento; o período de oscilação é inversamente proporcional à raiz quadrada aceleração da gravidade; e o plano de oscilação de um pêndulo simples permanece constante (mesmo que o suporte sofra rotação).

As Principais aplicações do pêndulo simples são a comprovação do movimento de rotação da terra e a determinação da aceleração da gravidade.

3 A Modelagem Matemática do Pêndulo Simples

O Pêndulo simples, como já vimos, é um sistema que consiste em um corpo de massa m suspenso através de um fio de comprimento L e consequentemente, quando está numa posição arbitrária, está sujeito a duas forças: *força peso* *(mg)* e *força de tensão* (τ). Na figura 2 é possível notar a representação delas.

Nesse caso, vamos considerar apenas o movimento ao longo da direção tangencial. Pois no que se refere a direção normal, vamos verificar que τ não tem um movimento ao longo da direção radial, temos então que:

$$\tau = mg\cos\theta.$$

Mas força de tensão (τ) tem uma componente que é igual a 0, a única componente da força na direção tangencial que é $-mg\,\mathrm{sen}\,\theta$, tendo o sinal

Figura 2: Decomposição das forças sobre os eixos radial e tangencial.

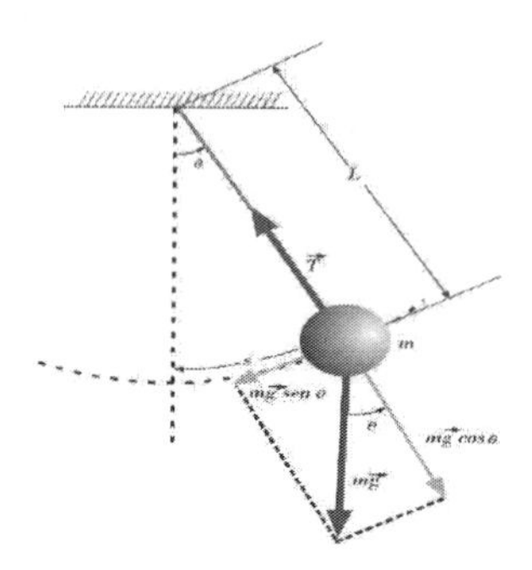

Fonte: Boyce (2010).

negativo porque essa força está no sentido decrescente de ??. Sendo assim, utilizando a 2ª Lei de Newton chegamos à relação:

$$ma_\theta = m\left(L\frac{d^2\theta}{dt^2}\right) = -mg\,\mathrm{sen}\,\theta.$$

A massa m acaba se cancelando, e consequentemente, podemos dizer que a equação que rege o movimento do pêndulo simples é,

$$\frac{d^2\theta}{dt^2} = -\frac{g\,\mathrm{sen}\,\theta}{L}.$$

Lembrando que é um movimento se torna simples quando o ângulo θ for muito pequeno, ou seja, ângulos para os quais podemos aproximar $\mathrm{sen}\,\theta \approx \theta$. Considerando então essa aproximação, temos:

$$\frac{d^2\theta}{dt^2} = -\frac{g\theta}{L}.$$

Por definição temos que

$$\omega^2 \equiv \frac{g}{L}.$$

Portanto, chegamos à equação do movimento harmônico simples:

$$\frac{d^2\theta}{dt^2} = -\omega^2\theta.$$

A solução para essa equação é

$$\theta = \theta_{0\,(\text{iní cio})} \cos\left(\omega t + \delta\right),$$

onde $\omega = \sqrt{\frac{g}{L}}$ o período é:

$$t = \frac{2\pi}{\omega},$$

logo

$$t = 2\pi\sqrt{\frac{L}{g}}.$$

Conhecendo θ como função do tempo, podemos determinar a velocidade angular como sendo

$$\frac{d\theta}{dt} = \theta_0 \omega \operatorname{sen}\left(\omega t + \delta\right).$$

E finalmente a aceleração angular que é descrita pela equação:

$$\frac{d^2\theta}{dt^2} = \alpha(t),$$

lembrando que

$$\alpha(t) = -\omega^2 \theta(t).$$

lembrando que θ_0 e δ são determinados a partir das condições iniciais e essas agora são:

$$\theta\left(0\right) = \theta \quad \text{ou} \quad \frac{d\theta}{dt}.$$

Calculado no instante de tempo $t = 0$.

4 O Simulador *PhET* na Experiência do Pêndulo Simples

Para a verificação do modelo matemático que descreve o movimento do pêndulo simples, usamos o simulador *PhET* Colorado[1], com ele pudemos

[1] O PhET oferece simulações de ciência e matemática divertidas, gratuitas, interativas e baseadas em pesquisa. Disponível em https://phet.colorado.edu/pt_BR/about Acesso em set 2022.

registrar medidas, e dessa forma obter os períodos das oscilações, bem como, o valor da gravidade em planeta X (fictício).

Para tanto, seguimos algumas etapas:

Iniciamos fazendo as configurações necessárias, ajustando os valores do comprimento do fio para 1m e da massa m do objeto preso ao fio para $1\,\mathrm{kg}$ no planeta X.

Afastamos a massa do ponto de equilíbrio a um ângulo qualquer e a soltamos deixando o pêndulo oscilar e anotamos o tempo que este faz, 5 oscilações.

Repetimos o processo 5 vezes para calcularmos uma média dos períodos.

Por fim, calculamos o valor de g usando o T_m. (conforme figura 3).

Registramos numa tabela (ver tabela 1) os intervalos de tempo medidos para as 5 oscilações:

Tabela 1: Intervalos medidos para as 5 oscilações.

Medidas	**Tempo (s) de 5 oscilações**
T1	17,93
T2	17,83
T3	17,93
T4	17,83
T5	17,65

Fonte: Autoria própria.

Na outra tabela 2, foram registrados os períodos (s):

Tabela 2: Os períodos (s).

Medidas	**Período (s)**
T1	1,793
T2	1,783
T3	1,793
T4	1,783
T5	1,765

Fonte: Autoria própria.

Podemos observar que a média dos períodos T_m é de $1,7845\,\mathrm{s}$.

Figura 3: Cálculo de g usando T_m.

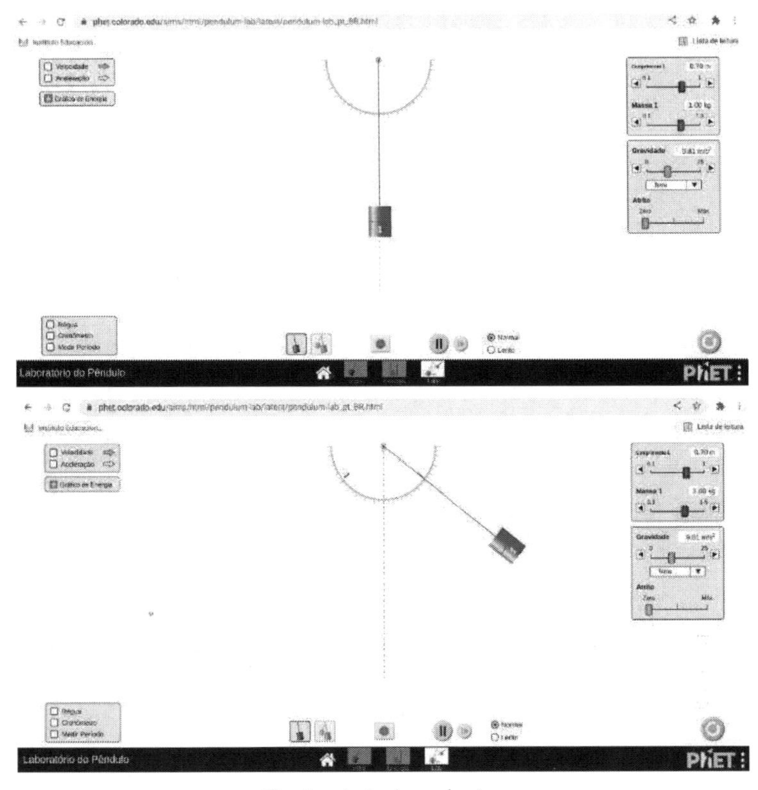

Fonte: Autoria própria.

O VALOR DA GRAVIDADE g NO PLANETA X: Para $L = 1\,\mathrm{m}$, temos:

$$g = \frac{4\pi^2}{T^2} = \frac{4\pi^2}{(1,7845)^2} = 12,4\frac{\mathrm{m}}{\mathrm{s}^2}.$$

Nesta próxima tabela 3 temos os períodos do pêndulo para os valores l abaixo:

Tabela 3: Períodos dos pêndulos para valores l.

Comprimento l do pêndulo (m)	**Período (s)**
0,50	1,262
0,60	1,382
0,70	1,493
0,80	1,493
0,90	1,693

Fonte: Autoria própria.

E por fim, temos a tabela 4 com os valores de g para os valores l abaixo:

Tabela 4: Valores de g para os valores l.

Comprimento l do pêndulo (m)	$g\left(\frac{m}{s^2}\right)$
0,50	24,8
0,60	20,7
0,70	17,7
0,80	15,5
0,90	13,8

Fonte: Autoria própria.

Observamos que a média dos valores de g obtidos é de $18,5\,\mathrm{m/s^2}$.

Este experimento nos permitiu identificar os movimentos oscilatórios do pêndulo, determinar a gravidade de um planeta fictício usando as relações matemáticas do pêndulo simples.

5 Conclusão

Pudemos dizer que o experimento desenvolvido por meio do simulador e a experiência de desenvolver a disciplina de EDO por meio de um projeto, serviu para que nós alunos pudéssemos construir nosso próprio entendimento dos conceitos matemáticos envolvidos. Através deste trabalho foi possível testar o aprendizado com compreensão dos conteúdos, de maneira que conseguimos identificar a aplicação do conteúdo no cotidiano.

Por conta do ensino remoto, utilizamos o simulador de física PhET como uma ferramenta pedagógica, que aborda conceitos físicos apresentado no movimento dos pêndulos. O simulador relaciona os conceitos físicos que ocorrem no movimento do Pêndulo e nos ajudou a realizar um paralelo com as aulas, o que facilitou a coleta de dados e resultados.

Projetos interdisciplinares, como este, engajam os alunos a desenvolver habilidades de pesquisa, criatividade e comunicação. A recompensa é um aprendizado mais efetivo, com o desenvolvimento também do pensamento crítico, e de uma postura consciente de que nós alunos estamos, de fato, aprendendo.

Um outro ponto positivo que vale destacar, trata-se da possibilidade de desenvolver no aluno a habilidade de criar conexões e, com isso, ser capaz de resolver problemas, identificar onde um conhecimento pode ser aplicado ou não.

Referências

Boyce, William E., 1930 - **Equacties diferenciais elementares e problemas de valores de contorno** Tradução e revisão Valéria de Magalhães - Rio de Janeiro : LTC, 2010.

SANTANA, Guilherme. **Todo Estudo.** Disponível em: https://www.todoestudo.com.br/fisica/pendulo. Acesso em: 02 de fev de 2022.

SEARS, F.; YOUNG, H. D.; ZEMANSKY, M.W. **Física II**. 12. ed., São Paulo: PEARSON, 2008, v. 2

DESCRIÇÃO DA QUEDA LIVRE DE CORPOS ESFÉRICOS ATRAVÉS DE EQUAÇÕES DIFERENCIAIS ORDINÁRIAS

Ana Beatriz Alves Braga
Felipe dos Santos Viegas
José de Ribamar Jesus dos Santos Almeida
Lizandra Pires Rabelo
Thais Nazaré Serra

1 Introdução

A visita ao Espaço da Ciência e do Firmamento - Planetário da UFMA, foi proposta como parte do miniprojeto desenvolvido na disciplina de Equações Diferenciais Ordinárias (EDO), ministrada pela professora da disciplina.

Com a visita ao planetário, os alunos puderam analisar os experimentos do laboratório e escolher, dentre vários, um experimento para que fosse verificado o modelo matemático que regesse tal experimento envolvendo EDO.

A visita ao planetário foi ministrada pelo professor, responsável do local. O Espaço da Ciência e do Firmamento tem por objetivo incentivar o interesse científico e a propagação da ciência entre crianças, jovens e adultos, além de receber visitas de escolas municipais, visitas dos próprios estudantes da universidade e do público leigo em geral, propondo vários experimentos na área da Física.

No dia da visita, encontramos também exposições de alguns cientistas que contribuíram para a evolução da ciência e da humanidade, destacamos dois deles, Marie Curie (1867-1934) e Albert Einstein (1879-1955). Há também protótipos do 14-bis, também conhecido como *Oiseau de Proie*, avião construído pelo inventor brasileiro Alberto Santos Dumont.

Há diversos experimentos no Planetário, dentre eles, destacamos alguns:

- Poço de Potencial, com a finalidade de explicar sobre o centro de massa do corpo. Há dois objetos diferentes, cujos centros de massa estarão em posições diferentes: um objeto com forma de cilindro, e um objeto que tem uma forma diferente, não convencional. Diferentes centros de massa implicam diferentes pontos de equilíbrio. Uma perturbação imposta sob os objetos leva ao aparecimento de um torque restaurador, buscando retomar a forma ao seu ponto de equilíbrio.

- Gerador de *Van de Graff* consiste no experimento de acúmulo de cargas elétricas em uma superfície condutora através de sua eletrização por atrito. Há uma correia feita de um material que tende a doar elétrons ao atritar com um outro material, que tende a receber elétrons. Quando a correia é esfregada sobre o outro material, há um grande deslocamento de cargas para a superfície metálica, gerando um campo elétrico ao redor.

- Placas Solares, cujo princípio de funcionamento é o efeito fotoelétrico, consiste na incidência de luz (fótons) com frequências específicas, que irão induzir emissão em elétrons ao incidir em um material que responda à frequência específica. A placa, portanto, recebe energia na forma de luz e libera energia na movimentação dos elétrons; esta energia liberada é utilizada para acender luzes.

Dentre os experimentos que utilizam as equações diferenciais como parte necessária para a sua compreensão e modelagem matemática, o estudo do movimento de queda dos corpos é especificamente relevante quando comparado com as situações em que seu percurso sofre resistência. De fato, a resistência sofrida pelos materiais é o ponto chave nesta discussão, e sua compreensão nos permite analisar diversas outras situações em que a resistência do meio deve ser levada em conta.

2 Estudo do Movimento com Base no Infinitesimal

Desde os tempos mais remotos, o estudo do movimento sempre foi algo que chamou a atenção dos filósofos e cientistas. Mesmo na Antiga Grécia já era conhecido o paradoxo do movimento proposto por Zenão[1], baseado na anedota da divisão do espaço em infinitas partes.

O problema original é composto de nove outros problemas filosóficos acerca da natureza do movimento, uma versão comumente apresentada em salas de aula é a corrida entre Aquiles e uma tartaruga, vejamos:

> *Suponha que a tartaruga, participando em uma corrida de* 100 *metros contra Aquiles, comece a* 50 *metros do ponto de partida. Aquiles rapidamente alcança o marco* $50\,\mathrm{m}$*, mas até lá, a tartaruga já andou mais* $25\,\mathrm{m}$*. Aquiles, ao chegar nos* $75\,\mathrm{m}$*, percebe que a tartaruga já se moveu mais* $12,5\,\mathrm{m}$.

Uma comum conclusão é que, ou Aquiles é incapaz de ultrapassar a tartaruga, ou que o movimento é uma ilusão. Mesmo os contemporâneos de Zenão foram capazes de refutar a existência do paradoxo, mas uma interessante solução é a soma de parcelas infinitamente pequenas que é frequentemente realizada no cálculo diferencial.

Desenvolvido originalmente por Newton e Leibniz, o Cálculo Diferencial é o estudo das taxas de variação das funções (RUSSEL, 2020). De amplo uso em diversas áreas do conhecimento humano. Uma das ferramentas mais importante para o avanço da ciência foi a busca por métodos de solucionar Equações Diferenciais. Efetivamente a maioria das leis da ciência podem ser escritas como "infinitesimais" e posteriormente relacionadas com outras leis para explicar muitos fenômenos. Devido ao complicado modo como alguns destes fenômenos podem ser descritos, iremos limitar a análise para as Equações Diferenciais Ordinárias - EDO.

Neste relato, apresentaremos uma importante aplicação da EDO para a ciência, bem como o método de solução, e posteriormente, análise experimental.

[1]Zenão de Eleia foi um dos grandes filósofos pré-socráticos da filosofia antiga grega. Disponível em https://www.todamateria.com.br/zenao/ Acesso em set 2022

2.1 Queda livre e resistência do ar

A busca para uma descrição satisfatória do movimento de queda livre sempre atraiu os estudiosos, que frequentemente questionavam as razões pelas quais os objetos caem. O filósofo grego Aristóteles, no século IV a.C., acreditava que ao deixarmos cair dois corpos com massas diferentes de uma mesma altura, o objeto mais pesado cairia primeiro e o mais leve por último. Esta ideia nos leva a concluir que a velocidade de queda dos objetos estaria relacionada com seus pesos.

Séculos mais tarde, Galileu Galilei, através de rigorosos e numerosos experimentos, testava as ideias defendidas por Aristóteles sobre o movimento. Eventualmente, o cientista propôs que a velocidade de queda dos corpos poderia ser diretamente relacionada com um tipo de "impulso" que era aplicado ao objeto, diminuindo sua velocidade. A natural, mas inovadora conclusão de Galileu é que, se desprezarmos os efeitos deste impulso, dois corpos abandonados de uma mesma altura, com massas diferentes, devem chegar ao chão ao mesmo tempo.

As ideias de Galileu efetivamente influenciaram uma revolução na forma como as pessoas estudavam a natureza. A introdução da experimentação como processo rigoroso e essencial de estudo dos fenômenos eventualmente levou o físico Isaac Newton a desenvolver suas leis universais de movimento. O "impulso" que atrapalha o movimento de objetos é definido, segundo o quadro matemático das leis newtonianas, como uma força causada pela presença de moléculas de ar entrando em contato com o objeto.

Este efeito pode ser minimizado conforme abandonamos objetos a partir de alturas menores: a força de resistência do ar se torna aproximadamente pequena demais. Se uma única força atua no objeto, a segunda lei de Newton prevê que a aceleração é constante, única e diferente de zero. A esse tipo de movimento, seguindo tais critérios é o que chamamos de queda livre e se trata de um movimento uniformemente acelerado. Embora existam variações associadas às variadas altitudes da Terra, a aceleração é aproximadamente a mesma para todos os corpos em queda livre, e é chamada de aceleração da gravidade indicada por g e seu valor aproximado é de $g = 9,81\,\mathrm{m/s^2}$ (NUSSENZVEIG, 2002).

2.2 Modelagem do Problema

Dado o problema de queda livre de um corpo imerso em um meio fluido, sob ação de um campo gravitacional constante, pode-se modelar a situação partindo da segunda lei de Newton:

A soma de todas as forças $\vec{F}$ que atuam sob um determinado corpo pontual é igual ao produto da massa m do corpo por sua aceleração resultante $\vec{a}$,

$$\sum \vec{F} = m \cdot \vec{a}.$$

As forças que agem sobre o corpo são a força peso ($\vec{P} = m\vec{g}$) e a força de arrasto, que neste caso será modelada de uma forma mais simplificada: será proporcional a velocidade e contrária ao sentido dela ($\vec{F}_{\text{arrasto}} = -\alpha\vec{v}$) (figura 1).

Figura 1: Diagrama de forças para um objeto.

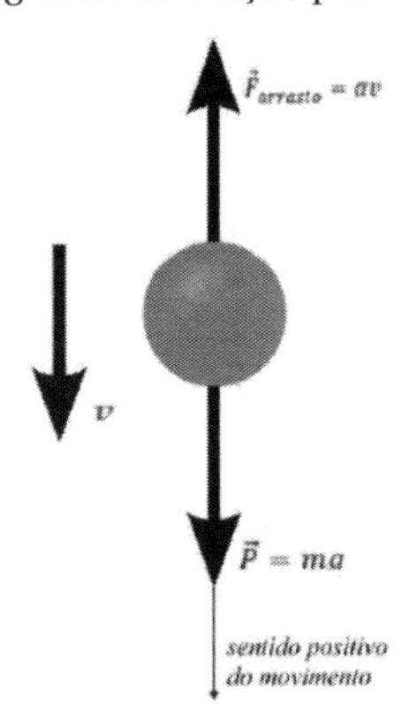

Fonte: (NUSSENZVEIG, 2002).

Inserindo as expressões para os módulos das forças, obtemos:

$$ma = mg - \alpha v.$$

Esta equação é uma EDO, pode ser reescrita em termos de variação da velocidade ou do espaço,

$$\begin{cases} m\dfrac{dv}{dt} = mg - \alpha v, & (1) \\ \\ m\dfrac{d^2y}{dt^2} = mg - \alpha\dfrac{dy}{dt}, & (2) \end{cases}$$

onde $a = \frac{dv}{dt} = \frac{d^2y}{dt^2}$ é a aclaração, $v = \frac{dy}{dt}$ é a velocidade.

Nesta equação, o valor desconhecido α é o coeficiente de proporcionalidade que relaciona a velocidade de um corpo à força de arrasto que atua sobre ele. Seu valor é constante e depende do material.

A equação (1) possui uma derivada de primeira ordem como incógnita. Isto a caracteriza como uma EDO de primeira ordem. Sua forma nos permite a utilização de um conveniente método de solução denominado de "método de separação de variáveis".

Tomando a equação (1):

$$m\frac{dv}{dt} = mg - \alpha v,$$

dividindo ambos os lados por m e deixando $-\frac{\alpha}{m}$ em evidência se tem:

$$m\frac{dv}{dt} = mg - \alpha v \Rightarrow \frac{dv}{dt} = g - \frac{\alpha}{m}v \Rightarrow \frac{dv}{dt} = -\frac{\alpha}{m}\left(v - \frac{mg}{\alpha}\right).$$

A separação de variáveis consiste em unir cada diferencial à sua respectiva função. Fazendo isso para a equação acima:

$$\frac{dv}{dt} = \frac{\alpha}{m}\left(v - \frac{mg}{\alpha}\right) \Rightarrow \frac{dv}{\left(v - \frac{mg}{\alpha}\right)} = -\frac{\alpha}{m}dt.$$

Note que neste passo todas as funções de v estão escritas como múltiplas do diferencial dv. Para o diferencial dt, não há nenhuma função explicita, portanto podemos associá-lo aos termos constantes.

Fazendo a integração e admitindo valores iniciais para o tempo ($t_0 = 0$) e para a velocidade ($v(t_0) = v(0) = v_0$), tem-se:

$$\int_{v_0}^{v} \frac{dv}{\left(v - \frac{mg}{\alpha}\right)} = -\frac{\alpha}{m}\int_{t_0}^{t} dt.$$

Trata-se de integrações triviais. Desta forma encontra-se o seguinte resultado:

$$\int_{v_0}^{v} \frac{dv}{\left(v - \frac{mg}{\alpha}\right)} = -\frac{\alpha}{m}\int_{t_0}^{t} dt$$
$$\Rightarrow \ln\left(v - \frac{mg}{\alpha}\right) - \ln\left(v_0 - \frac{mg}{\alpha}\right) = -\frac{\alpha}{m}(t-0).$$

E a partir de propriedades de logaritmos e de funções inversas reescreve-se o resultado da seguinte forma, isolando v:

$$\ln\left(v - \frac{mg}{\alpha}\right) - \ln\left(v_0 - \frac{mg}{\alpha}\right) = -\frac{\alpha}{m}t \Rightarrow \ln\left(\frac{v - \frac{mg}{\alpha}}{v_0 - \frac{mg}{\alpha}}\right) = -\frac{\alpha}{m}t$$
$$\Rightarrow e^{\ln\left(\frac{v - \frac{mg}{\alpha}}{v_0 - \frac{mg}{\alpha}}\right)} = e^{-\frac{\alpha}{m}t} \Rightarrow \frac{v - \frac{mg}{\alpha}}{v_0 - \frac{mg}{\alpha}} = e^{-\frac{\alpha}{m}t}$$
$$\Rightarrow v - \frac{mg}{\alpha} = \left(v_0 - \frac{mg}{\alpha}\right)e^{-\frac{\alpha}{m}t} \Rightarrow v = \left(v_0 - \frac{mg}{\alpha}\right)e^{-\frac{\alpha}{m}t} + \frac{mg}{\alpha},$$

ou seja,

$$v(t) = \left(v_0 - \frac{mg}{\alpha}\right)e^{-\frac{\alpha}{m}t} + \frac{mg}{\alpha}. \tag{3}$$

Esta é a expressão (3) que descreve a velocidade de um corpo caindo em um meio que oferece resistência ao movimento.

Nota-se que quando t é muito grande a velocidade tende a um limítrofe dado por:

$$\lim_{t\to\infty} v(t) = \frac{mg}{\alpha},$$

de modo que a velocidade do corpo tende para esse valor tanto para quando $v_0 > \frac{mg}{\alpha}$, quanto para $v_0 < \frac{mg}{\alpha}$. Esta é a solução de equilíbrio dessa EDO.

Figura 2: Campo de direções para a EDO da velocidade.

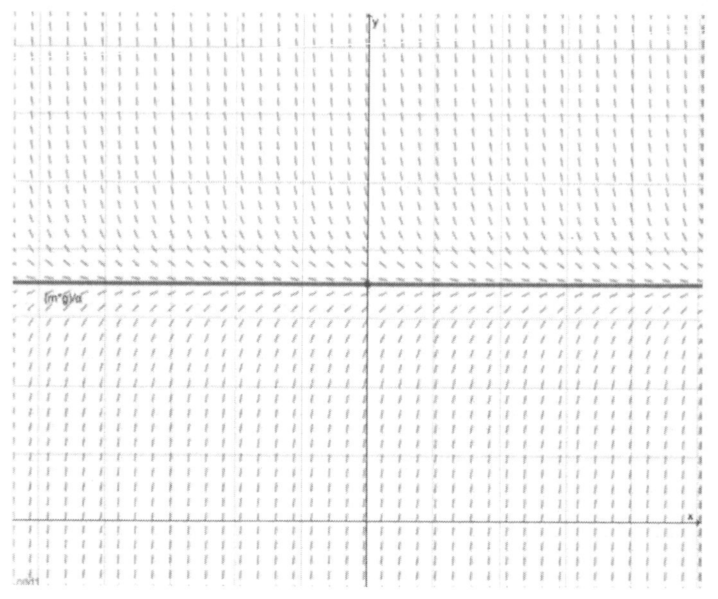

Fonte: (BOYCE, 2010).

Note que as soluções tendem para o valor constante dado por $|\frac{mg}{\alpha}|$.

2.3 Posição como função do tempo

Para obtermos uma descrição da posição do objeto, utilizamos a equação (2). Em sua sentença, há uma derivada de segunda ordem como incógnita. Isto a caracteriza como uma EDO de segunda ordem, que exigira métodos mais trabalhosos de solução. No entanto, temos a vantagem de saber qual é a expressão para a derivada primeira da velocidade. Note que esta informação nos permite transformar a EDO de segunda ordem em uma de primeira, através de uma substituição que realizamos das variáveis envolvidas:

$$v = \left(v_0 - \frac{mg}{\alpha}\right) e^{-\frac{\alpha}{m}t} + \frac{mg}{\alpha} \Rightarrow \frac{dy}{dt} = \left(v_0 - \frac{mg}{\alpha}\right) e^{-\frac{\alpha}{m}t} + \frac{mg}{\alpha}.$$

Usando o método de separação de variáveis, é possível seguir os mesmos passos utilizados anteriormente. Os limites de integração para a posição serão deixados explícitos como $(y_0, 0)$ e $(y(t), t)$:

$$dy = \left[\left(v_0 - \frac{mg}{\alpha}\right)e^{-\frac{\alpha}{m}t} + \frac{mg}{\alpha}\right]dt$$

$$\Rightarrow \int_{y_0}^{y} dy = \int_0^t \left[\left(v_0 - \frac{mg}{\alpha}\right)e^{-\frac{\alpha}{m}t} + \frac{mg}{\alpha}\right]dt$$

$$\Rightarrow \int_{y_0}^{y} dy = \int_0^t \left[\left(v_0 - \frac{mg}{\alpha}\right)e^{-\frac{\alpha}{m}t}\right]dt + \frac{mg}{\alpha}\int_0^t dt$$

$$\Rightarrow y - y_0 = -\frac{mg}{\alpha}\left(v_0 - \frac{mg}{\alpha}\right)e^{-\frac{\alpha}{m}t} + \frac{mg}{\alpha}t$$

$$\Rightarrow y(t) = y_0 = -\frac{mg}{\alpha}\left(v_0 - \frac{mg}{\alpha}\right)e^{-\frac{\alpha}{m}t} + \frac{mg}{\alpha}t. \quad (4)$$

Esta é a expressão que descreve as posições de um corpo caindo sob a ação do campo gravitacional g, sujeito a uma força de resistência denominada arrasto $\vec{F}_{\text{arrasto}}$.

2.4 Consideração acerca do arrasto

A força de resistência apresentada ao corpo em movimento pelo fluido é proporcional à sua velocidade v, à densidade ρ do fluido em que está imerso e à uma constante de proporcionalidade α, constante essa que depende da área da secção transversal ao movimento do corpo. Como essa área transversal é muito diminuta e o tempo de queda também pequeno, a força de arrasto do corpo no fluido é praticamente desprezível, de modo que só para um tempo longo ou para uma área de secção transversal grande esta força se mostraria um valor relevante de modo a compensar os erros experimentais.

Com isso, o caso que mais se aproxima ao experimento feito é:

$$mg = mg.$$

Já que

$$\vec{F}_{\text{arrasto}} = -\alpha\vec{v} \approx 0,$$

e seguindo do mesmo modo para conseguir a velocidade do corpo em função do tempo, tem-se:

$$ma = mg \Rightarrow a = g \Rightarrow \frac{dv}{dt} = g \Rightarrow dv = g\,dt$$

$$\Rightarrow \int_{v_0}^{v} dv = \int_{0}^{t} g\, dt \Rightarrow v - v_0 = g\,(t - t_0) \Rightarrow v = v_0 + gt,$$

ou seja,

$$v(t) = v_0 + g\,(t - t_0)\,.$$

Integrando agora a velocidade para se achar a posição em função do tempo ($y(t)$)):

$$v(t) = v_0 + gt \Rightarrow \frac{dy}{dt} = v_0 + gt \Rightarrow dy = (v_0 + gt)\, dt$$

$$\Rightarrow \int_{y_0}^{y} dy = \int_{0}^{t} (v_0 + gt)\, dt \Rightarrow y = y_0 + v_0 t + \frac{gt^2}{2},$$

ou seja,

$$y(t) = y_0 + v_0 t + \frac{gt^2}{2}.$$

Para esse modelo em que a força de arrasto é desprezível (pelo menos para o pequeno intervalo de tempo que tomamos) os dados experimentais se adequam bem.

3 Procedimento Experimental

Para realizarmos o estudo do movimento de queda livre, reproduzimos a queda de uma bolinha de isopor de aproximadamente 6 gramas $g = 6 \cdot 10^{-3}\,\text{Kg}$ (valor tabelado no laboratório), utilizando uma régua de $840\,\text{mm}$ ($0,840\,\text{m}$ de comprimento). A queda foi filmada através de uma câmera de telefone celular e os vídeos foram analisados no programa *Tracker*.

3.1 Escolha dos tempos iniciais e finais em cada vídeo

O software Tracker foi utilizado para análise dos vídeos de queda da bolinha. O rastreamento da trajetória é feito com base na escolha de um intervalo inicial e um final, bem como um ponto específico do objeto a ser rastreado. A escolha de ambos é importante para realização da análise e verificação da validade do modelo de equação obtido.

O intervalo final de cada vídeo foi escolhido um quadro antes da bolinha passar de um objeto deformado pela lente da câmera para um objeto estático. Quando a bolinha começa sua colisão com o chão, o movimento não será mais descrito pela queda livre, uma vez que sua velocidade é temporariamente zerada.

Nos vídeos capturados, a bolinha em repouso tem o formato claramente definido, enquanto a bolinha em movimento apresenta um formato manchado devido à limitação da velocidade de captura da câmera.

Para obter o mesmo número de quadros capturados em todos os vídeos, os autores identificaram o quadro final usando a justificativa anterior. O quadro inicial foi escolhido no mesmo ponto para todos os vídeos, baseado na coloração dos *pixels* próximos a um ponto específico da bolinha.

Portanto, todos os dados que serão mostrados a seguir serão apresentados com valores iniciais determinados alguns segundos após o início da queda da bolinha, a partir do qual serão contados aproximadamente 88 quadros.

3.2 Bastão de calibração

O *Tracker* disponibiliza um bastão para o usuário ter a opção de determinar uma referência com a qual mede todas as dimensões bidimensionais das imagens analisadas. Com isto, podemos posicionar uma escala conhecida, como uma régua, paralela ao movimento realizado e marcar o objeto de dimensões conhecidas no programa.

O objeto de escala conhecida utilizado para desenvolver o experimento foi uma régua (figura 3), com unidades em milésimos de metro, mm.

Figura 3: Imagem da régua usada para demarcação de distância.

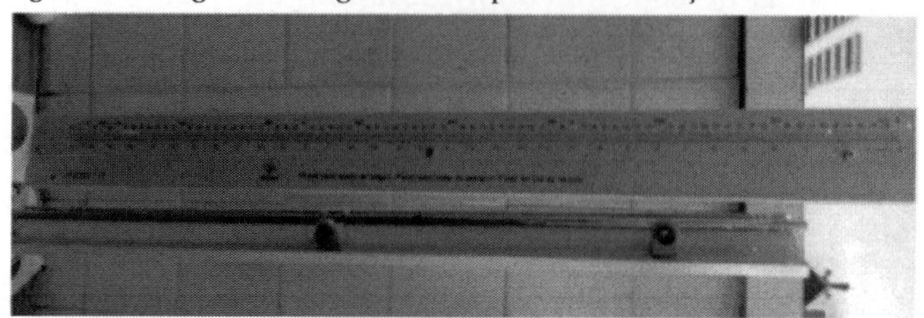

Fonte: Autoria própria.

Fizemos outros registros de imagens (figuras 4–5) detalhando melhor a régua utilizada no experimento.

Figura 4: Detalhe da extremidade esquerda (inferior) da régua, em que o ponto final é dado por $800\,\text{mm} + 40\,\text{mm} = 840\,\text{mm}$.

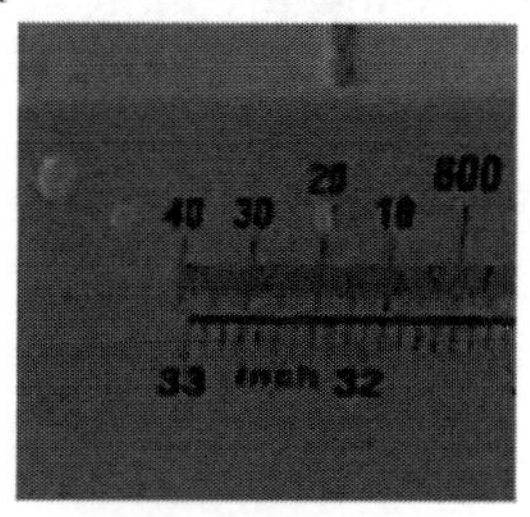

Fonte: Autoria própria.

Figura 5: Detalhe da extremidade direita (superior) da régua, em que o ponto inicial é dado por $0\,\text{mm}$.

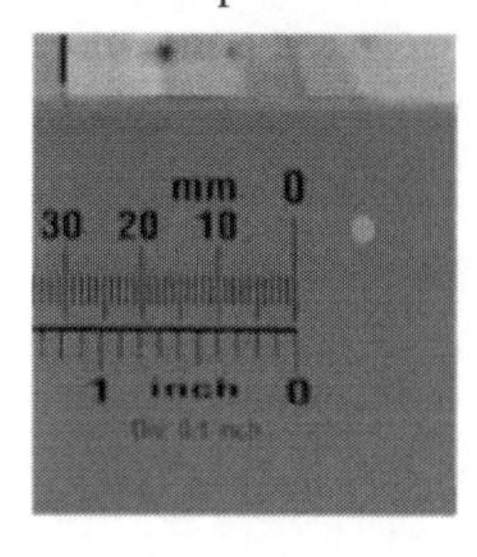

Fonte: Autoria própria.

Um bastão digital foi então posicionado manualmente em todos os vídeos. O critério de posicionamento foi o *pixel* mais externo e escuro da parte inferior e superior (figuras 6-7).

Figura 6: Aproximação da fotografia 1.2.

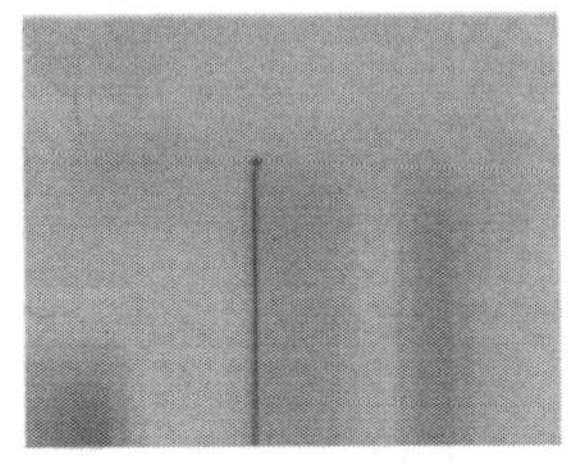

Fonte: Autoria própria.

Figura 7: Aproximação da fotografia 1.1.

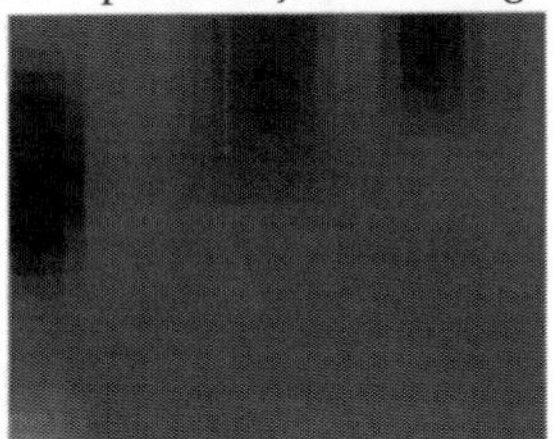

Fonte: Autoria própria.

Qualquer posição ao redor da selecionada decorreria em resultados suficientemente próximos aos obtidos.

3.3 Escolha do ponto de massa

A força motora do movimento de queda da bolinha é a força peso, orientada para baixo, com módulo igual à g nas proximidades da superfície da Terra. Esta força age pontualmente sobre o centro de gravidade dos objetos. Para a esfera de isopor, este centro coincide com seu centro geométrico.

O centro geométrico deve ser escolhido pelo usuário e identificado no programa, criando um modelo em pixels. O programa irá tentar localizar a posição seguinte do objeto realizando uma busca por um conjunto de *pixels* semelhantes ao inserido pelo usuário. Um centro de massa será automaticamente determinado a partir da dimensão média do objeto. Por este motivo, esta etapa na pesquisa não dispõe da rigorosidade já apresentada. O programa *Tracker* irá automaticamente identificar os pontos seguintes.

3.4 Coleta de dados e métodos estatísticos

Após a realização da etapa de escolha do ponto de massa, o movimento da bolinha foi adquirido pelo programa na forma de tabelas de tempo e posição. Os dados foram copiados, formatados e foram aproximados para até 3 casas decimais (uma vez que a escala é de milésimos de um metro).

Foram obtidas seis tabelas, representando, em ordem, as seis iterações do experimento. Para cada vídeo, o *Tracker* recuperou, em média, 88 linhas de dados referentes ao tempo e à posição, que foram transpostas no aplicativo *Microsoft Excel*.

Todos os dados foram utilizados na elaboração de seis gráficos de dispersão, com os valores do eixo x representando os valores de tempo, medido em segundos s, e os do eixo y representando os valores de posição, medidos em metro m, e velocidade, em $\mathrm{m/s}$.

Para calcular os valores médios de todas as tabelas, foram somadas todas as seis medidas de tempo de uma coluna j, pertencentes às suas respectivas linhas. Obteve-se, assim, uma sétima tabela, contendo os valores médios de cada unidade de tempo. O mesmo processo foi realizado para obtenção dos valores de posição vertical média. As fórmulas utilizadas foram estas[2]:

$$\begin{cases} \bar{t} = \displaystyle\sum_{i=1}^{6} t_{i2}, \\ \bar{y} = \displaystyle\sum_{i=1}^{6} y_{i2}. \end{cases}$$

A determinação do desvio padrão de cada tabela foi feita individualmente em cada linha. Suponha que as linhas representando o tempo das quedas estejam localizadas nas posições de $i = 1$ até um n qualquer. As colunas j

[2] Os dados estão na coluna $j = 2$, pois na primeira coluna estão os identificadores.

destas linhas contém a medida a_{ij} da tabela. Para um valor fixo de coluna, foram subtraídos os valores de a_{1j} do respectivo valor médio e obtidos seus valores absolutos. Em seguida, foram todos somados e determinados suas raízes quadradas. Por fim, o resultado foi dividido por 5, devido ao grau de liberdade das medidas. A fórmula geral é esta:

$$\begin{cases} \sigma t_{ij} = \displaystyle\sum_{i,j=1}^{6} \sqrt{\frac{(t_{ij} - \bar{t})^2}{2}}, \\ \sigma y_{ij} = \displaystyle\sum_{i,j=1}^{6} \sqrt{\frac{(y_{ij} - \bar{y})^2}{2}}, \\ \sigma v_{ij} = \displaystyle\sum_{i,j=1}^{6} \sqrt{\frac{\left(v_{y_{ij}} - \overline{v_y}\right)^2}{2}}. \end{cases}$$

Por fim, a média do desvio padrão $\overline{\sigma}$ revela a precisão de cada medida.

4 Resultados

Abaixo estão as amostras dos dados das tabelas de 1 a 6.

Tabela 1: Amostra 1.

[1]t(s)	0,000	0,040	0,080	0,120	0,160	0,200	0,240	0,280	0,320
[1]y(m)	0,403	0,400	0,397	0,395	0,391	0,390	0,383	0,380	0,375
[1]Vy(m/s)	0,000	-0,075	-0,057	-0,078	-0,063	-0,093	-0,132	-0,104	-0,104

Fonte: Autoria própria.

Tabela 2: Amostra 2.

[2]t(s)	0,000	0,040	0,080	0,120	0,160	0,200	0,240	0,280	0,320
[2]y(m)	0,405	0,401	0,399	0,397	0,391	0,388	0,385	0,382	0,380
[2]Vy(m/s)		-0,074	-0,055	-0,098	-0,115	-0,079	-0,074	-0,060	-0,117

Fonte: Autoria própria.

Tabela 3: Amostra 3.

[3]t(s)	0,000	0,040	0,080	0,120	0,160	0,200	0,240	0,280	0,320
[3]y(m)	0,405	0,402	0,402	0,399	0,397	0,389	0,387	0,382	0,381
[3]Vy(m/s)		-0,039	-0,033	-0,063	-0,130	-0,119	-0,081	-0,080	-0,057

Fonte: Autoria própria.

Tabela 4: Amostra 4.

[4]t(s)	0,000	0,040	0,080	0,120	0,160	0,200	0,240	0,280	0,320
[4]y(m)	0,402	0,400	0,397	0,395	0,391	0,389	0,386	0,381	0,380
[4]Vy(m/s)		-0,063	-0,070	-0,072	-0,072	-0,070	-0,099	-0,078	-0,111

Fonte: Autoria própria.

Tabela 5: Amostra 5.

[5]t(s)	0,000	0,040	0,080	0,120	0,160	0,200	0,240	0,280	0,320
[5]y(m)	0,403	0,402	0,398	0,394	0,392	0,387	0,385	0,382	0,375
[5]Vy(m/s)		-0,064	-0,099	-0,075	-0,088	-0,090	-0,066	-0,124	-0,135

Fonte: Autoria própria.

Tabela 6: Amostra 6.

[6]t(s)	0,000	0,040	0,080	0,120	0,160	0,200	0,240	0,280	0,320
[6]y(m)	0,403	0,401	0,398	0,397	0,395	0,389	0,385	0,381	0,378
[6]Vy(m/s)		-0,059	-0,050	-0,043	-0,103	-0,130	-0,106	-0,078	-0,090

Fonte: Autoria própria.

Por conseguinte, os dados de posição e velocidade das tabelas 1-3 organizados em gráficos de dispersão (figura 8).

Figura 8: Medidas de alturas e velocidades por tempo, respectivamente, das quedas 1, 2 e 3.

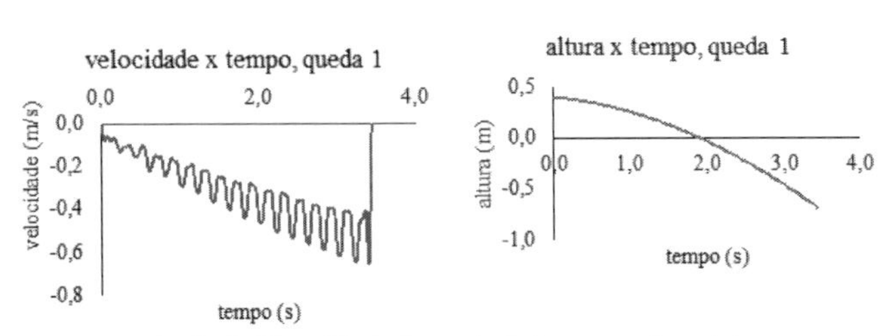

Gráfico 1 e 1.1: medidas de altura e velocidade por tempo, da queda 1.

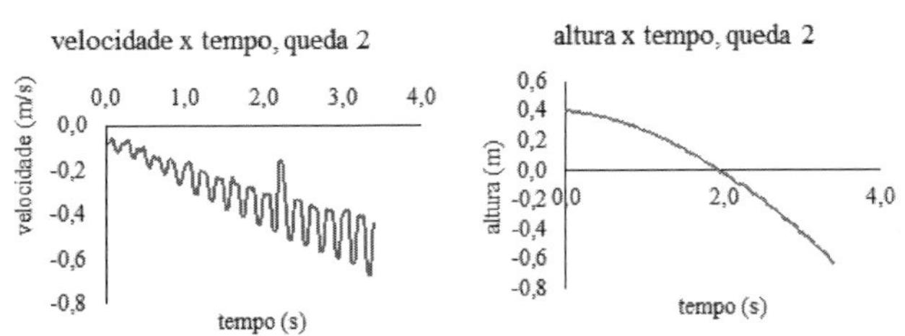

Gráfico 2 e 2.1: medidas de altura e velocidade por tempo, da queda 2.

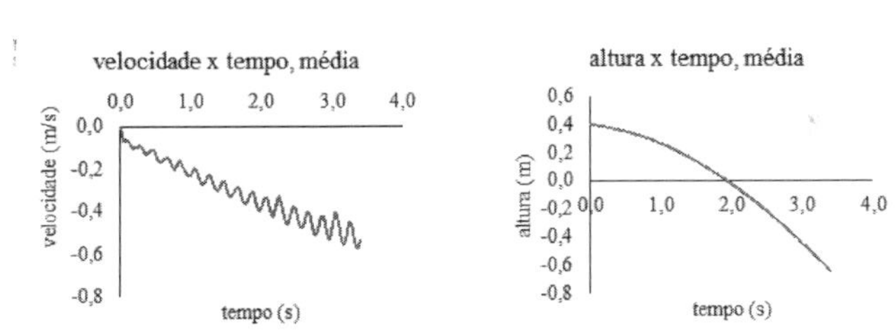

Gráfico 4: medidas de altura e velocidade por tempo, da queda 3.

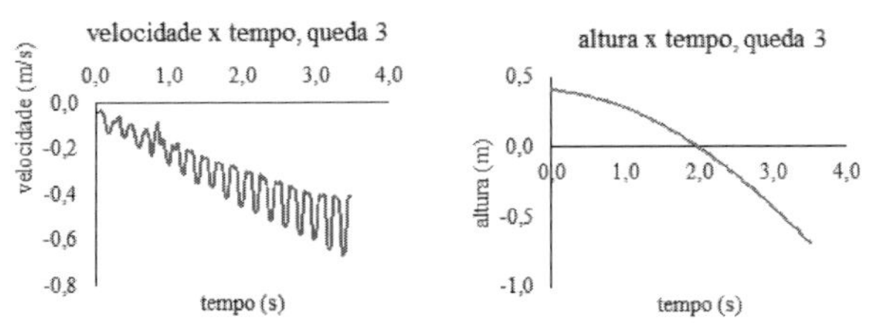

Gráfico 3 e 3.1: medidas de altura e velocidade por tempo, da queda 3.

Fonte: Autoria própria.

E, por fim, um gráfico representando as medidas de dispersão para ambos os gráficos de média, obtidos através da fórmula apresentada no mesmo tópico anterior.

Figura 9: Medidas de dispersão média por quadro.

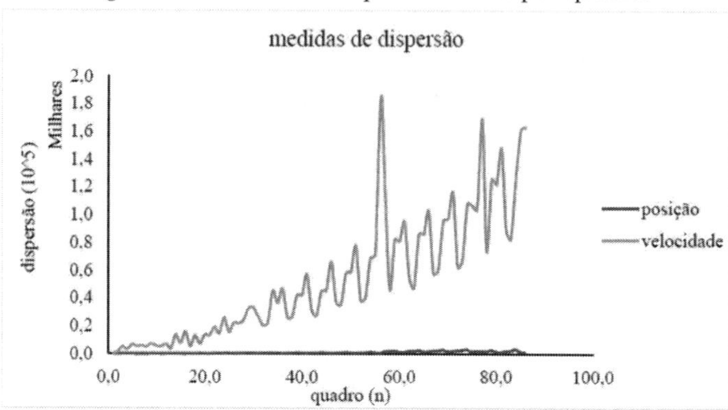

Fonte: Autoria própria.

Note que há duas escalas aplicadas sobre os dados.

5 Discussão

A tendência mostrada pelos gráficos 1, 2 e 3 é a de queda exponencial, cujo valor limitante (isto é, quando a variável independente tende ao infinito) tende ao infinito. Este comportamento condiz com o esperado para uma função exponencial.

Os complementares gráficos de velocidade, entretanto, possuem formato ondulatório, implicando que o movimento da bolinha era composto por súbitas paradas, ao invés de ser contínuo. Foi descoberto que nos quadros numerados pares a imagem de vídeo é idêntica à imagem do quadro anterior. Esta peculiaridade leva o programa a reconhecer que a bolinha realiza paradas momentâneas em seu movimento; consequentemente, dados de posição para este experimento são registrados como, aproximadamente, constantes em pequenos intervalos de tempo. A velocidade, sendo derivada da posição, terá portanto, um gráfico aproximadamente periódico.

O efeito que isso causa no gráfico da posição se torna, assim, imediatamente claro. A reta de tempo está duplicada, registrando o movimento duas vezes mais lento. Consequentemente, a bolinha de isopor passa, em média, o dobro do tempo real para chegar nas proximidades do chão.

O formato verdadeiro das curvas experimentais é mais próximo, portanto, a uma das curvas dadas pelo campo de direções das EDO de velocidade e posição. A investigação da adequação precisa das curvas está além do escopo deste relato.

6 Conclusão

No estudo realizado do movimento de queda livre, procuramos descrevê-lo utilizando as equações diferenciais e fazendo a análise através do software *Tracker,* obtendo assim uma descrição de caráter também experimental. Encontramos algumas dificuldades quando tentamos comparar ambas as descrições, principalmente devido a certas limitações dos dados obtidos.

Quanto ao desenvolvimento do miniprojeto, pudemos de fato colocar em prática todo o aprendizado obtido na disciplina em um problema real, já que optamos por reproduzir um experimento e demonstrar a explicação do fenômeno através do uso das equações diferenciais. Nesse sentido a relevância e impacto do miniprojeto se dão de forma positiva aos alunos.

Referências

BOYCE, W.E. DIPRIMA, R.C. **Equações Diferenciais Elementares de Valores de Contorno**. RJ: LTC, 2010.

FREEDMAN, Roger A.; YOUNG, Hugh D. **Física 1: Mecânica.** 12°. São Paulo: Addison-Wesley, 2008.

NUSSENZVEIG, Moysés H. **Curso de Física Básica 1:Mecânica.** 4° edição. São Paulo: Editora Blucher LTDA. 2002.

RUSSEL, D. **Definition of Calculus. ThoughtCo,** 2020. Disponivel em: <https://www.thoughtco.com/definition-of-calculus-2311607>. Acesso em: 04 fev. 2022.

PARTE 2.2

ESTUDOS DAS EQUAÇÕES DIFERENCIAIS E OS MODELOS MATEMÁTICOS PRESENTES EM VÁRIAS ETAPAS

ABORDAGEM DA PRIMEIRA LEI DE KEPLER NO CONTEXTO DE EQUAÇÕES DIFERENCIAIS ORDINÁRIAS, SOB A ÓTICA DE ACADÊMICOS DE ENGENHARIA

Ana Luiza Oliveira Guimarães
André Lucas Monteiro Santos
Charlene Silva Pestana
Elpidio Rodrigues do Nascimento Neto
Joel Leite Pereira Junior

1 Introdução

Desde os tempos remotos, a humanidade já olhava para o céu e apreciava aquilo que estava diante dos seus olhos. O interesse do homem em desvendar os mistérios do universo surge em uma época sem qualquer tipo de poluição luminosa, nenhum instrumento óptico, sem computadores, telefones celulares, ou qualquer outro tipo de tecnologia. Nada que pudesse ajudar a identificar aquilo que estava visível a olho nu, somente uma imensa escuridão e diversos pontos brilhantes no céu, como a lua, o sol, as estrelas e os planetas se movendo no referencial terrestre.

Neste contexto e na tentativa de entender o comportamento dos corpos celestes, Johannes Kepler (1571-1630), astrônomo e matemático, levantou novas hipóteses acerca do universo e deu início a uma revolução na Astronomia com um novo modelo planetário por fortes influências de Nicolau Copérnico (1473-1543).

Seguindo esta linha de pensamento, através da disciplina de Equações Diferenciais Ordinárias, nasceu a ideia de realizar um miniprojeto baseado nos estudos de Kepler e o comportamento elíptico dos planetas, conforme por ele definido. Conseguiu determinar as diferentes posições da Terra após cada período sideral de Marte e, assim, conseguiu traçar a órbita da Terra. Verificou que essa órbita era muito bem ajustada por um círculo excêntrico, isto é, com o Sol um pouco afastado do centro. (OLIVEIRA FILHO; SARAIVA 2014, p.76).

A ideia obteve a sua concretização após a visita ao planetário na Ilha da Ciência (UFMA) e a partir das observações de modelo em maquete do sistema solar, embora não fosse totalmente definido em ordem elíptica, ainda se mostrou suficiente para tornar a escolha possível. Isso porque, como define Dillenbourg (1999, p.5), "a interação entre os sujeitos gera atividades extras (explicação, desacordo, regulação mútua, ...) que desencadeiam mecanismos cognitivos extras (elicitação de conhecimento, internalização, carga cognitiva reduzida, ...)". Portanto, para o autor, a cognição individual não é suprimida na interação entre pares e o desenvolvimento pode ser favorecido em situações de colaboração.

O que nos move em nossas investigações diz respeito à aprendizagem obtida na disciplina de Equações Diferenciais Ordinárias, no entanto, neste estudo o foco não está na aprendizagem voltada para educação, mas sim em reflexões sobre a aprendizagem construída ao longo de um semestre.

2 Contexto Histórico

Para entendermos como surgiram as leis de Johannes Kepler, precisamos entender que anteriormente as tarefas dos astrônomos consistiam em elaborar sistemas cosmológicos que explicassem a trajetória dos planetas no céu, sendo essa uma combinação de movimentos circulares e uniformes.

Assim, Ptolomeu criou um sistema onde a Terra ficava no centro do universo, imóvel, em que a Lua, o Sol e os outros planetas giravam ao seu redor, modelo o qual é conhecido como geocêntrico, ele ficou em evidência até a metade do século XVI, quando foi renovado pelo sistema heliocêntrico do astrônomo Copérnico, o qual afirmava que todos os astros, incluindo a terra, orbitavam ao redor do Sol que ocupava o centro do Universo. No final desse século, o astrônomo Tycho Brahe (1546-1601) colocou em pauta um modelo híbrido, onde a terra permanecia estática no centro do universo, com a Lua e o Sol em sua órbita e os outros planetas orbitavam ao redor do Sol.

No ano de 1600, Kepler aceitou um convite de Brahe para trabalhar com ele em Praga. Pouco tempo depois, devido ao falecimento de Brahe, Kepler assumiu o papel de Matemático Imperial na corte de Rudolph II de Habsburgo e herdou um volumoso conjunto de registros astronômicos realizados no observatório de Uraniburgo, na ilha de Hven, na Dinamarca. Tais observações foram realizadas por Brahe para tentar provar sua teoria do modelo híbrido, onde elas foram feitas com excelente precisão para época, tendo em vista que os telescópios eram até então inexistentes.

Desta forma, ele começou a trabalhar com os registros no intuito de obter um formato definitivo para as órbitas dos planetas. Começou fazendo as suas primeiras tentativas por meio das circunferências, pois estas eram as premissas da astronomia da época e, assim, por meio dos dados, verificou que a trajetória da terra se enquadrava muito bem em uma circunferência excêntrica, ou seja, com o centro ligeiramente deslocado com relação ao Sol.

A partir disso, tentou aplicar o ajuste para a órbita de Marte, uma vez que este era o planeta com a maior quantidade de dados, constatando que o desajuste estava na representação circular do momento planetário. Após 6 anos no processo de tentativa e erro, ele encontrou um formato oval para a órbita marciana, classificando-a como uma elipse.

A elipse é uma figura geométrica construída em torno de dois focos, lembra uma circunferência um pouco achatada, onde existe uma excentricidade dada pela razão entre a distância focal e o comprimento do eixo maior, variando de 0 a 1, distância essa que: quanto mais perto de zero, mais se assemelha a um círculo, assim surgiu a primeira Lei de Kelper para o movimento planetário.

"Todo planeta move-se em órbita elíptica com o Sol ocupando um de seus focos."

2.1 Primeira Lei de Kepler

De acordo com Contador (2012), Kepler levou dois anos para realizar o cálculo da distância do Sol a Marte, onde a órbita sempre se revelava como uma espécie de oval, se assemelhando com um círculo, mas achatado em seus lados opostos, também observando que a distância entre o raio do círculo e o fim do eixo menor do oval, para um círculo de raio um, era igual a $0,00429$.

O valor obtido acima é dado por meio da relação $e^2/2$, em que $e^2= CS$ é a distância do centro do círculo ao centro do Sol, conforme Figura 1 abaixo. Dessa forma, Kepler estabeleceu a seguinte relação:

$$\frac{AC}{CR} = \frac{1}{1-e^2/2} \Rightarrow \frac{AC}{CR} = \frac{1}{1-0,00429} \Rightarrow \frac{AC}{CR} \cong 1,0043.$$

Figura 1: Círculo e órbita de Marte.

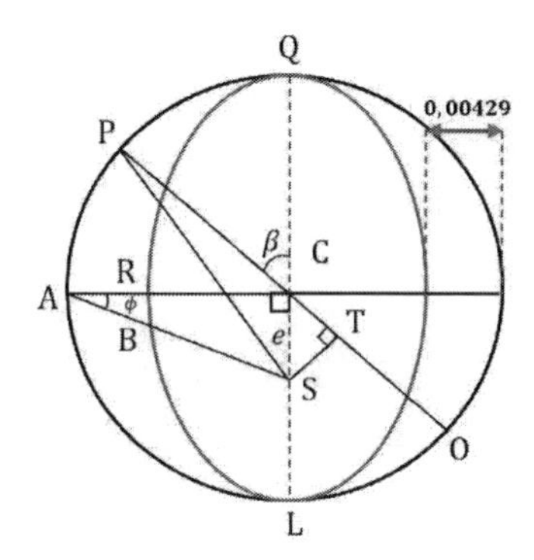

Fonte: CONTADOR, 2012, p.173.

Ao encontrar o número entre a relação de AC/CR, ainda conforme Contador (2012), Johannes teve receio, dado que, ele equivale à secante do ângulo ϕ, situado entre AC e AS, onde A é a posição de Marte.

Avaliando o ângulo formado entre o Sol, Marte e o centro da órbita, Johannes Kepler obteve à seguinte relação:

$$\sec\phi = \frac{1}{\cos\phi} = \frac{1}{AC/AS} = \frac{AS}{AC} = AS,$$

A partir da qual verificou que existiria uma relação entre o ângulo ϕ e a distância AS, onde o ângulo varia à medida que Marte se movimenta ao longo de sua órbita.

Dessa forma, Kepler afirmava que, quando o ângulo $QCP = \beta \neq 90°$, com Marte em P , a relação entre a distância SP para a nova distância entre o Sol e Marte (AS), quando Marte está em A, era a proporção de SP para a sua projeção perpendicular PT no diâmetro PO. O que se confere correto, segundo Contador (2012), observando que, quando Marte se move de A para P temos $AS = SP$ e $AC = PT$ e a relação AS/AC se torna SP/PT.

Contudo, a distância PT corresponde ao raio da circunferência acrescido de uma outra distância, ou seja, $PT = PC + CT$. Validando o fato de a órbita não ser circular, e sim, elíptica.

Sendo assim, Kepler montou a relação $\frac{SP}{AS} = \frac{SP}{PT}$, ou seja, $AS = PT$. Diante disso, a distância entre Sol e Marte, seria dada por PT, em que $PT = PC + CT$. Agora fazendo $PT = \rho$, obtemos $\rho = 1 + \cos \beta$.

Todavia, conforme relata Contador (2012), Kepler não imaginou que a equação que encontrou era característica de elipse, dado que, a Geometria Analítica ainda não havia sido desenvolvida, por conseguinte, ao buscar construir a órbita de Marte baseado na equação ele cometeu um pequeno erro geométrico, resultando em uma curva errada e acabando por descartar tal equação.

Baseado em suas observações, Kepler acreditava que a órbita de Marte era realmente elíptica, iniciou então por construir uma elipse pelos métodos tradicionais e estudá-la.

Os métodos, de acordo com Contador (2012), eram definidos na construção de uma elipse a partir de um círculo de raio com valor unitário, conforme Figura 2, na qual:

$$a = 1, \quad b = 1 - \frac{e^2}{2}, \quad e = CS \quad \text{e} \quad PS = \rho.$$

Posto isto, é possível obter a relação: $\frac{a}{b} = \frac{AB}{PB} = \frac{\operatorname{sen} \beta}{\rho \operatorname{sen} \theta}$, de onde obtém-se:

$$\rho \operatorname{sen} \theta = b \operatorname{sen} \beta,$$

Figura 2: Construção da elipse através de uma circunferência.

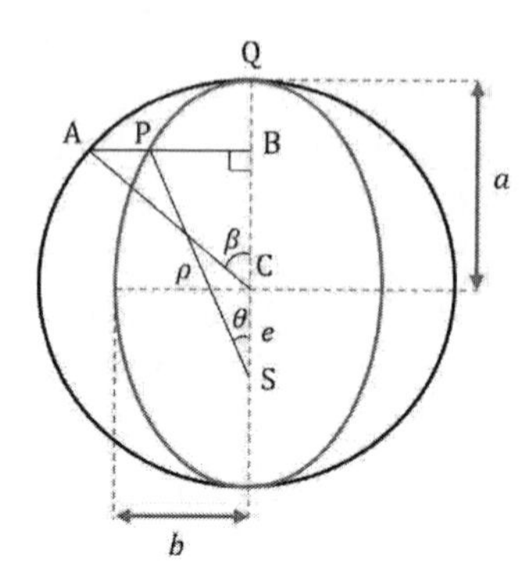

Fonte: CONTADOR, 2012, p.173.

sabendo que $a = 1$, tem-se:

$$\rho \operatorname{sen}\theta = b \operatorname{sen}\beta \ \Rightarrow \ \operatorname{sen}\theta = \frac{b \operatorname{sen}\beta}{\rho}. \tag{1.0}$$

Levando em consideração a Figura 2, é possível captar a seguinte relação:

$$\rho \cos\theta = e + \cos\beta.$$

Elevando a relação dada acima ao quadrado, obtém-se:

$$\rho^2 + \cos^2\theta = e^2 + 2e\cos\beta + \cos^2\beta. \tag{1.1}$$

Reescrevendo a Eq. (1.1) utilizando a relação trigonométrica, a equação pode ser reescrita na seguinte forma:

$$\rho^2 \left(1 - \operatorname{sen}^2\theta\right) = e^2 + 2e\cos\beta + \cos^2\beta. \tag{1.2}$$

Realizando a substituição da Eq. (1.0) pela Eq. (1.2), tem-se:

$$\rho^2 = e^2 + 2e\cos\beta + \cos^2\beta + b^2\operatorname{sen}^2\beta. \tag{1.3}$$

Agora, substituindo $b = 1 - \frac{e^2}{2}$ na Eq. (1.3):

$$\rho^2 = e^2 + 2e\cos\beta + \cos^2\beta + b^2\text{sen}^2\beta - e^2\text{sen}^2\beta + \frac{e^4}{4}\text{sen}^2\beta.$$

De acordo com a relação fundamental da trigonometria, nota-se que:

$$\cos^2\beta + b^2\text{sen}^2\beta = 1.$$

E levando em consideração a hipótese de que o valor de e é pequeno, tem-se que e^4 é um valor menor ainda, podendo ser desprezado. Realizando as substituições mencionadas acima, chega-se no seguinte resultado:

$$\begin{aligned}\rho^2 &\cong 1 + e^2 + 2e\cos\beta - e^2\text{sen}^2\beta \\ &\Rightarrow \rho^2 = 1 + e^2 + 2e\cos\beta - e^2\left(1 - cos^2\beta\right) \\ &\Rightarrow \rho^2 = 1 + e^2 + 2e\cos\beta - e^2 + e^2\cos^2\beta \\ &\Rightarrow \rho^2 = 1 + 2e\cos\beta + e^2\cos^2\beta \Rightarrow \rho^2 = (1 + e\cos\beta)^2.\end{aligned}$$

Dado o resultado acima, nota-se que a equação da elipse pode ser escrita da seguinte forma:

$$\rho = (1 + e\cos\beta),$$

sendo ela a mesma equação obtida por Kepler alguns anos anteriormente.

3 O Experimento

O experimento escolhido consiste em esferas presas a hastes de metal, que por sua vez estão ligadas a um motor que proporciona rotação e simula as órbitas descritas pelos planetas. Dessa forma, é possível que os discentes visualizem de forma mais concreta o funcionamento do sistema planetário como um todo, assim como as trajetórias dos corpos celestes - que foram descritas como elípticas. A seguir, imagem (figuras 3) do experimento registrado no dia da visita ao planetário.

Figura 3: Experimento — Sistema Solar.

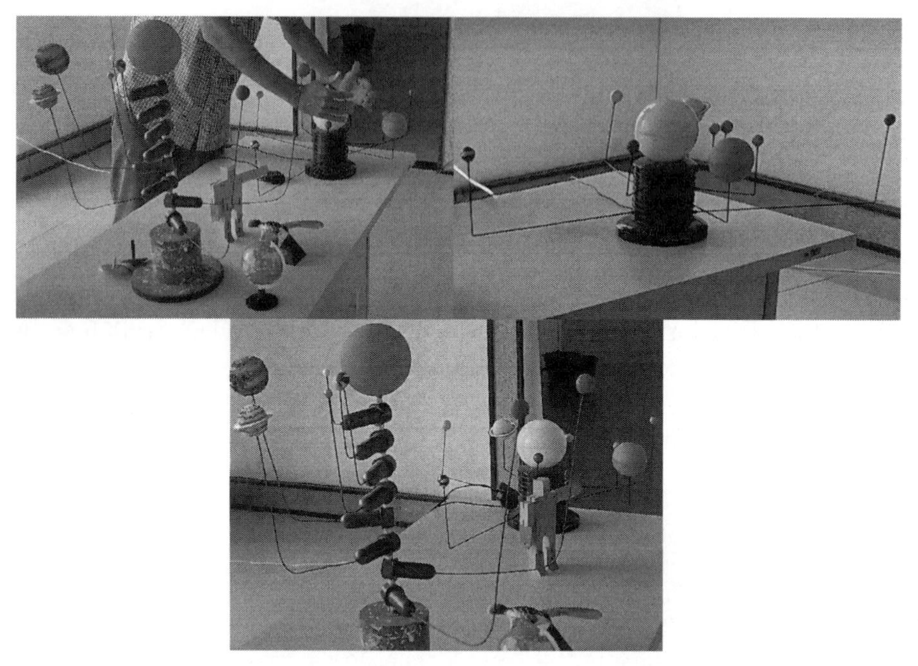

Fonte: Autoria própria.

4 O Modelo Matemático

A Primeira Lei de Kepler - também conhecida como “Lei das Órbitas Elípticas” - afirma que todo planeta se move em órbita elíptica, com o Sol ocupando um de seus focos. Entende-se que as excentricidades das órbitas dos planetas do Sistema Solar são relativamente pequenas (quase circunferências, mas ainda com lados opostos achatados); o semieixo maior da elipse é a distância média do Sol até o planeta.

A partir da formulação da Lei da Gravitação Universal e do Princípio Fundamental da Dinâmica - ambos expressos abaixo - por Isaac Newton (1643-1727), tornou-se possível deduzir a Primeira Lei de Kepler fazendo o uso

Figura 4: Órbita planetária com o Sol em um dos focos.

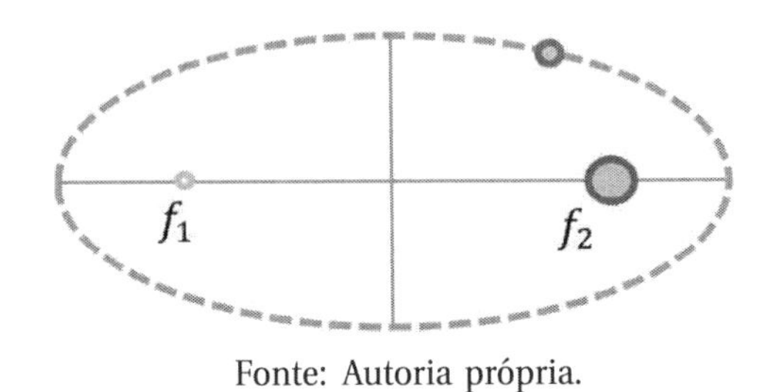

Fonte: Autoria própria.

de equações diferenciais ordinárias,

$$\begin{cases} \overrightarrow{F_r} = m \cdot \vec{a}, \\ \vec{F} = -G\dfrac{mM}{r^2}\hat{u}. \end{cases}$$

Algumas considerações iniciais:

— Considera-se apenas a interação gravitacional do Sol sobre o planeta, de modo que a força gravitacional será a força resultante $(F = F_r)$.

— Utiliza-se o conceito de movimento central, portanto, movimento em um campo de forças em $\mathbb{R}^3$ em que a cada ponto $X = (x, y, z) \in \mathbb{R}^3$, onde está definido, o campo aponta para o centro do movimento (neste caso, o Sol). A partir disso, supõe-se:

$\vec{r}$: vetor posição do planeta em relação ao Sol;

r: distância entre os centros de massa dos corpos analisados;

$\hat{u}$: vetor unitário que indica a direção radial da força, expresso por $\hat{u} = \frac{\vec{r}}{r}$;

m: massa do planeta;

M: massa do Sol;

G: constante gravitacional.

Figura 5: Movimento Central em um sistema de coordenadas.

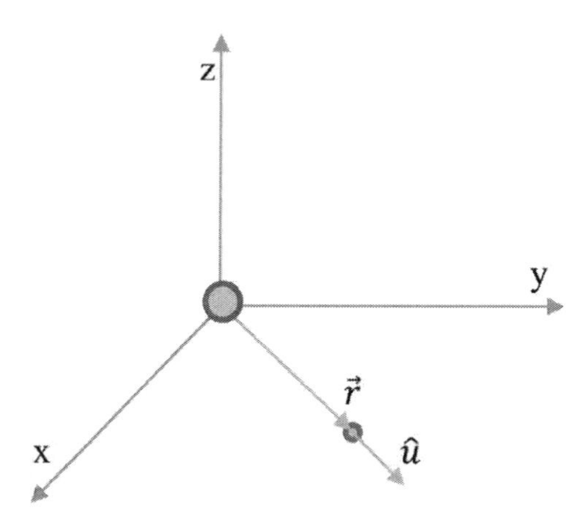

Fonte: Autoria própria.

— Ainda, faz-se necessário definir a equação de uma seção cônica em coordenadas polares, escrita como:

$$r = \frac{de}{1 + e\cos\theta}.$$

De forma que, para $e < 1$, tem-se uma elipse; para $e = 1$, uma parábola; se $e > 1$, a equação expressa uma hipérbole. Além disso, d representa a distância entre o foco e a reta diretriz da cônica (neste caso, denominada s), e representa a excentricidade,

$$\begin{cases} D = d - r\cos\theta, \\ e = \dfrac{r}{D}. \end{cases}$$

Inicialmente, identificou-se F como a própria força gravitacional, o que significa que se pode implementar a relação $F = F_2$ nas equações (2.0). Assim,

$$m \cdot \vec{a} = -G\frac{mM}{r^2}\hat{u},$$

Figura 6: Elementos de uma elipse.

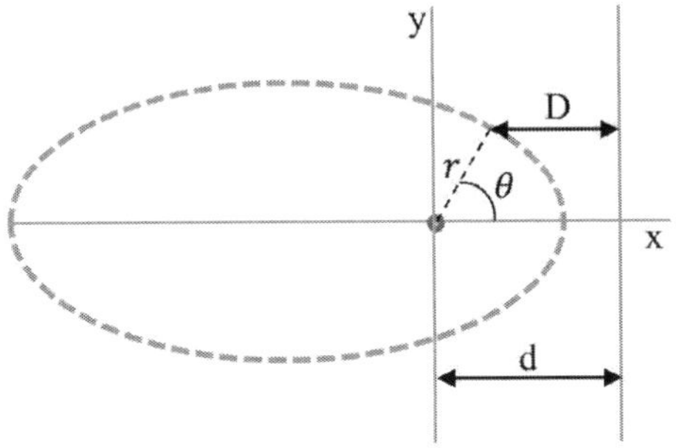

Fonte: Autoria própria.

ou ainda, dividindo a equação por m:

$$\vec{a} = -G\frac{M}{r^2}\hat{u}. \tag{2.1}$$

Segundo a Lei da Conservação do Momento Angular no Movimento Central, se uma partícula (neste caso, o planeta) se movimenta sob ação de um campo de forças central, o momento angular - expresso por $\vec{l}$ - é constante. Logo,

$$\vec{l} = \vec{r} \times \vec{P},$$

$\vec{P}$: quantidade de movimento; calculada como $\vec{P}=m\vec{v}$;

$\vec{v}$: velocidade da partícula.

Observa-se que o momento angular $\vec{l}$ é perpendicular tanto a $\vec{r}$, como a $\vec{v}$. Sendo assim, conclui-se que a órbita do planeta de massa m situa-se em um plano definido por $\vec{r}$ e $\vec{v}$. Reescrevendo a Eq. (2.1) em função da expressão apresentada para $\vec{P}$, obtém-se:

$$\vec{l} = m\left(\vec{r} \times \vec{v}\right),$$

ou ainda, dividindo toda a equação por m:

$$\frac{1}{m}\vec{l} = \vec{r} \times \vec{v}. \tag{2.2}$$

Figura 7: Inserção do momento angular.

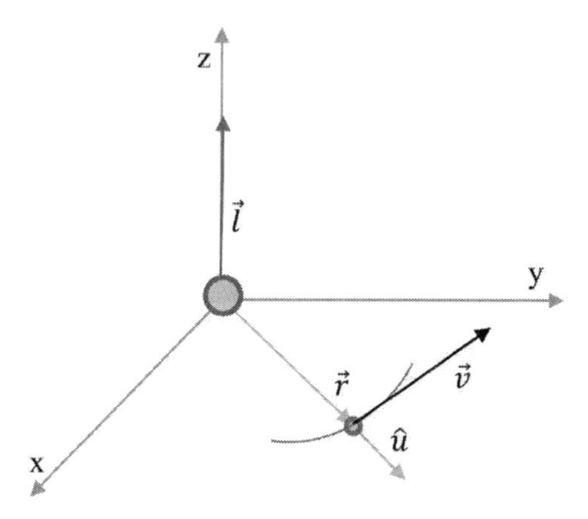

Fonte: Autoria própria.

Assumindo $\vec{h}=\frac{1}{m}\vec{l}$ e escrevendo $\vec{v}$ como a derivada temporal do vetor posição $\vec{r}$, é possível reescrever a Eq. (2.2) como:

$$\vec{h} = \vec{r} \times \frac{d\vec{r}}{dt}.$$

Com objetivo de obter $\vec{h}$ em função de r^2, partiu-se de $\hat{u}=\frac{\vec{r}}{r}$. Isolando $\vec{r}$, tem-se que

$$\vec{r} = \hat{u}r.$$

Substituindo,

$$\vec{h} = \vec{r} \times \frac{d\vec{r}}{dt} \Rightarrow \vec{h} = \hat{u}r \times \frac{d\hat{u}r}{dt}, \tag{2.3}$$

a partir da regra do produto das derivadas, em que, assumindo duas funções $f(x)$ e $g(x)$ deriváveis:

$$\frac{d}{dx}\left[f\left(x\right) \cdot g\left(x\right)\right] = f\left(x\right) \cdot \frac{d}{dx}\left[g\left(x\right)\right] + g\left(x\right) \cdot \frac{d}{dx}\left[f\left(x\right)\right],$$

podemos escrever $\frac{d\hat{u}r}{dt}$ como:

$$\frac{d\hat{u}r}{dt} = r \cdot \frac{d\hat{u}}{dt} + \hat{u} \cdot \frac{dr}{dt}.$$

Substituindo na Eq. (2.3) e aplicando a propriedade distributiva, resulta:

$$\vec{h} = \hat{u}r \times \left(r\frac{d\hat{u}}{dt} + \hat{u}\frac{dr}{dt} \right) \Rightarrow \vec{h} = r^2\hat{u} \times \frac{d\hat{u}}{dt} + r\frac{dr}{dt}\left(\hat{u} \times \hat{u}\right). \quad (2.4)$$

Entende-se que o produto vetorial de um vetor qualquer por ele mesmo tem como resultado um vetor nulo - uma propriedade que pode ser obtida intuitivamente a partir da definição geométrica do produto vetorial. Logo, $\hat{u}\times\hat{u}=\vec{0}$. Substituindo na Eq. (2.4),

$$\vec{h} = r^2\hat{u} \times \frac{d\hat{u}}{dt}.$$

Anteriormente, obteve-se $\vec{a}= -G\frac{M}{r^2}\hat{u}$. Portanto, o produto vetorial $\vec{a}\times\vec{h}$ é dado por:

$$\vec{a} \times \vec{h} = -G\frac{M}{r^2}\hat{u} \times \left(r^2\hat{u} \times \frac{d\hat{u}}{dt} \right),$$

Simplificando por r^2,

$$\vec{a} \times \vec{h} = -GM \cdot \left(\hat{u} \times \left(\hat{u} \times \frac{d\hat{u}}{dt} \right) \right). \quad (2.5)$$

Pela propriedade do produto vetorial envolvendo três vetores, em que, definidos os vetores $\vec{u}$, $\vec{v}$ e $\vec{w}$, temos:

$$\vec{u} \times (\vec{v} \times \vec{w}) = (\vec{u} \cdot \vec{w})\,\vec{v} - (\vec{u} \cdot \vec{v})\,\vec{w},$$

É possível reescrever $\hat{u}\times\left(\hat{u}\times\frac{d\hat{u}}{dt}\right)$ como:

$$\hat{u} \times \left(\hat{u} \times \frac{d\hat{u}}{dt} \right) = \left(\hat{u} \cdot \frac{d\hat{u}}{dt} \right)\hat{u} - (\hat{u} \cdot \hat{u})\,\frac{d\hat{u}}{dt}. \quad (2.6)$$

O produto escalar de um vetor $\vec{v}$ qualquer por ele mesmo é dado por $\vec{v}\cdot\vec{v}=v^2$. No caso do vetor unitário $\hat{u}$, tal produto resulta em $u^2 = 1$. Além disso, entende-se que o produto $\hat{u}\cdot\frac{d\hat{u}}{dt} = 0$. Substituindo na Eq. (2.6),

$$\hat{u} \times \left(\hat{u} \times \frac{d\hat{u}}{dt}\right) = 0 \cdot \hat{u} - 1 \cdot \frac{d\hat{u}}{dt} = -\frac{d\hat{u}}{dt}.$$

Voltando à Eq. (2.5), pode-se agora fazer a substituição $\hat{u}\times\left(\hat{u}\times\frac{d\hat{u}}{dt}\right) = -\frac{d\hat{u}}{dt}$. Assim,

$$\vec{a} \times \vec{h} = -GM \cdot \left(-\frac{d\hat{u}}{dt}\right) \Rightarrow \vec{a} \times \vec{h} = GM\frac{d\hat{u}}{dt}.$$

Ainda, é válido escrever a aceleração $\vec{a}$ como a derivada temporal da velocidade, ou seja, $\vec{a}=\frac{d\vec{v}}{dt}$. Portanto,

$$\vec{a} \times \vec{h} = GM\frac{d\hat{u}}{dt} \Rightarrow \frac{d\vec{v}}{dt} \times \vec{h} = GM\frac{d\hat{u}}{dt}.$$

Supondo u e v funções vetoriais diferenciáveis, sabe-se que:

$$\frac{d}{dt}\left[u\left(t\right) \times v\left(t\right)\right] = u'\left(t\right) \times v\left(t\right) + u\left(t\right) \times v'\left(t\right).$$

Logo, analogamente, para a derivada temporal $\frac{d}{dt}(\vec{v}\times\vec{h})$:

$$\frac{d}{dt}\left(\vec{v} \times \vec{h}\right) = \frac{d\vec{v}}{dt} \times \vec{h} + \vec{v} \times \frac{d\vec{h}}{dt}.$$

Como $\vec{h}=\frac{1}{m}\vec{l}$, a equação acima pode ser escrita como:

$$\frac{d}{dt}\left(\vec{v} \times \vec{h}\right) = \frac{d\vec{v}}{dt} \times \vec{h} + \vec{v} \times \left(\frac{1}{m}\right)\frac{d\vec{l}}{dt}. \tag{2.7}$$

Diante disto, observa-se que $\frac{d\vec{l}}{dt}$ nada mais é do que o torque resultante sobre o sistema, definido como a taxa de variação temporal do momento angular. No caso de um movimento central, o momento angular é constante, logo, o torque é nulo. Assim, da Eq. (2.7) resta apenas:

$$\frac{d}{dt}\left(\vec{v} \times \vec{h}\right) = \frac{d\vec{v}}{dt} \times \vec{h}.$$

Substituindo,

$$\frac{d\vec{v}}{dt} \times \vec{h} = GM\frac{d\hat{u}}{dt} \Rightarrow \frac{d}{dt}\left(\vec{v} \times \vec{h}\right) = GM\frac{d\hat{u}}{dt}.$$

Integrando ambos os lados, obtém-se:

$$\int \frac{d}{dt}\left(\vec{v} \times \vec{h}\right) = GM \int \frac{d\hat{u}}{dt}.$$

E ainda:

$$\vec{v} \times \vec{h} = GM\hat{u} + \vec{c}.$$

Sendo $\vec{c}$ uma constante arbitrária de integração, consequência do processo de integração indefinida; neste caso, trata-se de um vetor constante.

Sabe-se que, tomado $\vec{c}$ constante, o produto $\vec{v}\times\vec{h}$ gera um vetor perpendicular a $\vec{v}$ e a $\vec{h}$. Em outras palavras, tal produto fornece um vetor pertencente ao plano xy. Dessa forma, é possível adotar $\vec{c}$ na direção do eixo x, formando um ângulo (representado por θ) com a direção do vetor posição $\vec{r}$.

Portanto, conclui-se que as coordenadas polares da partícula/planeta são r e θ.

Figura 8: Inserção da constante $\vec{c}$ e do ângulo θ.

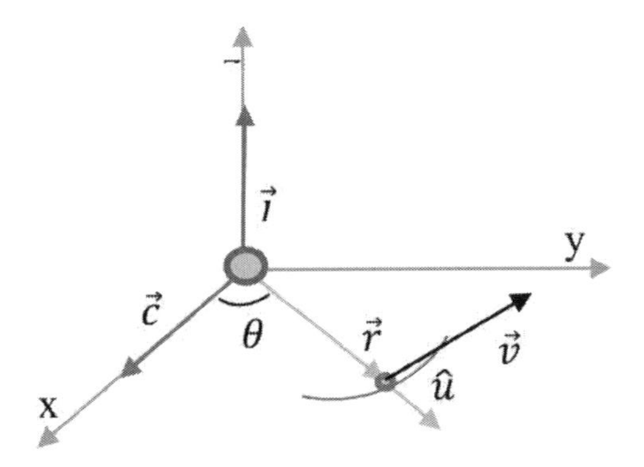

Fonte: Autoria própria.

Multiplicando toda a Eq. (2.8) por $\vec{r}$, tem-se:

$$\vec{r} \cdot \left(\vec{v} \times \vec{h}\right) = \vec{r} \cdot (GM\hat{u} + \vec{c}) .$$

Aplicando a propriedade distributiva,

$$\vec{r} \cdot \left(\vec{v} \times \vec{h}\right) = \vec{r} \cdot GM\hat{u} + \vec{r} \cdot \vec{c}.$$

O produto escalar entre dois vetores $\vec{u}$ e $\vec{v}$ pode ser escrito como:

$$\vec{u} \cdot \vec{v} = |u| \cdot |v| \cdot \cos(\alpha) .$$

Sendo α o ângulo formado entre eles. Logo, de forma análoga para $\vec{r} \cdot \vec{c}$,

$$\vec{r} \cdot \vec{c} = r \cdot c \cdot \cos\theta.$$

Substituindo,

$$\vec{r} \cdot \left(\vec{v} \times \vec{h}\right) = \vec{r} \cdot GM\hat{u} + \vec{r} \cdot \vec{c} \Rightarrow \vec{r} \cdot \left(\vec{v} \times \vec{h}\right) = \vec{r} \cdot GM\hat{u} + r \cdot c \cdot \cos\theta.$$

Além disso, sabe-se que $\vec{r} = \hat{u}r$. Assim, é possível reescrever a equação acima como:

$$\vec{r} \cdot \left(\vec{v} \times \vec{h}\right) = (\hat{u}r) \cdot GM\hat{u} + r \cdot c \cdot \cos\theta.$$

Calculou-se anteriormente o produto escalar

$$\hat{u} \cdot \hat{u} = 1.$$

Dessa forma,

$$\vec{r} \cdot \left(\vec{v} \times \vec{h}\right) = rGM \cdot (\hat{u} \cdot \hat{u}) + r \cdot c \cdot \cos\theta.$$

E assim,

$$\vec{r} \cdot \left(\vec{v} \times \vec{h}\right) = rGM + r \cdot c \cdot \cos\theta.$$

Colocando r em evidência no segundo membro,

$$\vec{r} \cdot \left(\vec{v} \times \vec{h}\right) = r\left(GM + c \cdot \cos\theta\right) .$$

Isolando o valor de r, obtém-se:

$$r = \frac{\vec{r} \cdot \left(\vec{v} \times \vec{h}\right)}{GM + c \cdot \cos\theta}. \tag{2.9}$$

Pela propriedade do produto misto,

$$\vec{r} \cdot \left(\vec{v} \times \vec{h}\right) = (\vec{r} \times \vec{v}) \cdot \vec{h}. \tag{2.10}$$

Em adição a isto, foi definido que

$$\vec{h}=\vec{r}\times\vec{v}.$$

Portanto, a expressão (2.10) pode ser reescrita como:

$$\vec{r} \cdot \left(\vec{v} \times \vec{h}\right) = \vec{h} \cdot \vec{h}.$$

Ou ainda, sabendo que $\vec{h}\cdot\vec{h}=h^2$,

$$\vec{r} \cdot \left(\vec{v} \times \vec{h}\right) = h^2.$$

Substituindo este valor na Eq. (2.9) e colocando GM em evidência,

$$r = \frac{\vec{r} \cdot \left(\vec{v} \times \vec{h}\right)}{GM + c \cdot \cos\theta} \Rightarrow r = \frac{1}{GM}\left(\frac{h^2}{1 + \frac{c}{GM}\cos\theta}\right).$$

Aplicando excentricidade como $e=\frac{c}{GM}$, obtém-se:

$$r = \frac{e}{c}\left(\frac{h^2}{1 + e\cos\theta}\right).$$

A seguir, substituindo $h = \frac{1}{m}l$,

$$r = \frac{e}{c}\left(\frac{l^2/m^2}{1 + e\cos\beta}\right).$$

Por fim, reorganizando,

$$r = \frac{el^2/cm^2}{1 + e\cos\theta}.$$

Ao comparar a equação acima com a da seção cônica com foco na origem e excentricidade e,

$$r = \frac{de}{1 + e\cos\theta}.$$

É possível afirmar que se trata da mesma expressão, assumindo $d = \frac{l^2}{cm^2}$.

Assim, após obtida essa expressão, considerando o fato de as órbitas dos planetas serem curvas fechadas e o Sol na origem do sistema de coordenadas, conclui-se que tais órbitas devem ser elípticas e que o Sol ocupa um de seus focos. Está completa a demonstração do modelo matemático proposto na Primeira Lei de Kepler.

5 Conclusão

A partir do levantamento bibliográfico acerca das Leis de Kepler, partindo dos primórdios da astronomia e de como está a Física que tem este objeto de estudo, foi possível reconhecer a sua importância na construção e no desenvolvimento da ciência, bem como a possibilidade que essas leis têm em ampliar a visão sobre a dinâmica do universo. Buscamos fundamentar nosso estudo e nossas reflexões em trabalhos relacionados à essa temática de um dos principais nomes que contribuíram para o aprimoramento da astronomia; concluímos que a ciência se faz e se refaz ao longo do tempo e que produzir conhecimento ao tentar explicar como as coisas funcionam faz parte do espírito investigativo que ela desperta em todos nós.

A nossa maior dificuldade e preocupação no levantamento bibliográfico foi encontrar e reconhecer as fontes seguras de informações acerca da contextualização histórica apresentada. Além disso, notamos que esse tema relacionado a equações diferenciais ordinárias pode ser aprofundado através de várias literaturas, já que possui grande aplicação em teorias físicas de fronteira e vasta literatura para consulta.

Sendo assim, é esperado com este trabalho possa contribuir para uma melhor compreensão das leis de Kepler - através do uso equações diferenciais ordinárias - e uma reflexão sobre sua importante aplicação nos fenômenos físicos, tanto de teoria (que traz um novo conceito teórico) quanto na solução (que traz uma abordagem eficaz para seu desenvolvimento numérico).

Referências

CONTADOR, P.R.M. **Kepler, o legislador dos céus.** São Paulo: Editora Livraria da Física, 2012.

DILLENBOURG, P. **What do you mean by collaborative learning?** In: DILLENBOURG, P. (Ed.). Collaborative - learning: Cognitive and Computational Approaches. Oxford: Elsevier, 1999. p. 1-19. Disponível em: https://tecfa.unige.ch/tecfa/publicat/dil-papers-2/Dil.7.1.14.pdf. Acesso em: 02 jan. 2022.

Garms, Marco Antonio e Caldas, Iberê Luiz. **Síntese das Leis de Kepler**. Revista Brasileira de Ensino de Física, 2018, v. 40, n. 2, e2316. Disponível em: https://doi.org/10.1590/1806-9126-RBEF-2017-0253. Acesso em: 01 jan. 2022.

GOMES, Renata Piva. **As Leis Kepler e as equações diferenciais ordinárias**. Orientador: Marco Aurélio Granero Santos. 2018. 58 f. TCC(Graduação) - Curso de Matemática, Instituto Federal de Educação, Ciência e Tecnologia, São Paulo., 2018. Disponível em: https://regrasparatcc.com.br/formatacao/como-referenciar-um-tcc-em-outro-tcc/. Acesso em: 01 jan. 2022.

OLIVEIRA FILHO, K. S. e Saraiva, M. F., **Astronomia e Astrofísica,** 2. ed. Livraria da Física, 2004.

SAUTER, E; AZEVEDO, F; KONZEN, P(org). **Cálculo de Funções de Várias Variáveis.** REAMAT, 2020. Disponível em: https://www.ufrgs.br/reamat/Calculo/livro-cfvv/main.html#xv-o_produto_vetorial.html. Acesso em: 02 jan. 2022.

SILVA, G. **Leis de Kepler do movimento planetário: um breve panorama de como a história da cosmologia mostra**

sua descoberta. Santa Catarina, 2016. Disponível em: http://www.15snhct.sbhc.org.br/resources/anais/12/1472941737_ARQUIVO_LeisdeKeplerdomovimentoplanetarioumbrevepanoramadecomoahistoriadacosmologiamostrasuadescoberta.pdf. Acesso em: 02 jan. 2022.

SILVA, Lucas. **Primeira Lei de Kepler**. Info Escola, 2011. Disponível em: https://www.infoescola.com/fisica/primeira-lei-de-kepler/. Acesso em: 01 jan. 2022.

AS EQUAÇÕES DIFERENCIAIS ORDINÁRIAS E AS LEIS DE KEPLER: RELATO DE EXPERIMENTO DO ESPAÇO DA CIÊNCIA E DO FIRMAMENTO — UFMA

Bruno Christophe Mendonça Costa
Bruno Leonardo Garcez Rocha
Elenilce Batista Passos
John Ytalo Vieira Damasceno
Thiago Pearce Sousa Batista

1 Introdução

Ao contrário das ideias Aristotélicas e Ptolomaicas, a Terra não é o centro do Universo, muito menos do Sistema Solar, como afirma a Teoria Geocêntrica. Ela se move ao redor do Sol juntamente com outros oito planetas, suas luas, planetas anões vizinhos, asteróides e todos os outros objetos que compõem a massa total do Sistema Solar. Devido a várias contribuições de Copérnico e Galileu, as leis desenvolvidas ao longo da história descrevem esse movimento planetário, que na Física Clássica foram complementadas por Isaac Newton e Johannes Kepler, sendo suas três Leis o foco deste artigo.

Johannes Kepler foi um monge luterano alemão que no início do século XVI estabeleceu três Leis que descrevem com exatidão matemática o movimento elíptico dos planetas no nosso Sistema Solar, e que agora sabe-se que essas Leis são válidas para qualquer sistema planetário que exista.

São elas a Lei das Órbitas, Lei das Áreas e Lei dos Períodos. Com base no modelo simplificado do Sistema Solar encontrado no Espaço da Ciência e do Firmamento faremos a construção do nosso trabalho.

2 Desenvolvimento

A primeira Lei de Kepler ou Lei das Órbitas Elípticas diz:

> *"Todos os planetas se movem em trajetórias elípticas, estando o Sol em um de seus focos."*

Sabemos que na elipse a soma das distâncias até o foco é constante, ou seja,

$$r + r' = 2a, \tag{1}$$

onde a é o semieixo maior, que no caso das órbitas planetárias é a distância média do Sol até o planeta; como vemos em Figura 2.

Figura 1: Modelo simplificado do Sistema Solar.

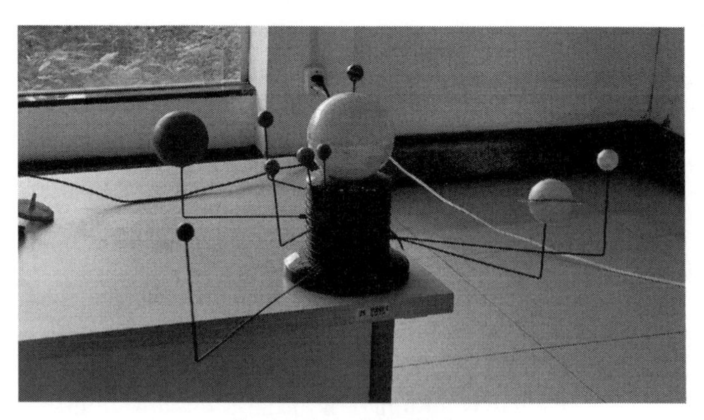

Fonte: Autoria própria.

Podemos deduzir esta primeira Lei aplicando na segunda Lei de Newton, desta forma,

$$\vec{F}_g = \frac{GMm}{r^2}(-\hat{r}) = ma\hat{r}. \tag{2}$$

Figura 2: Elipse.

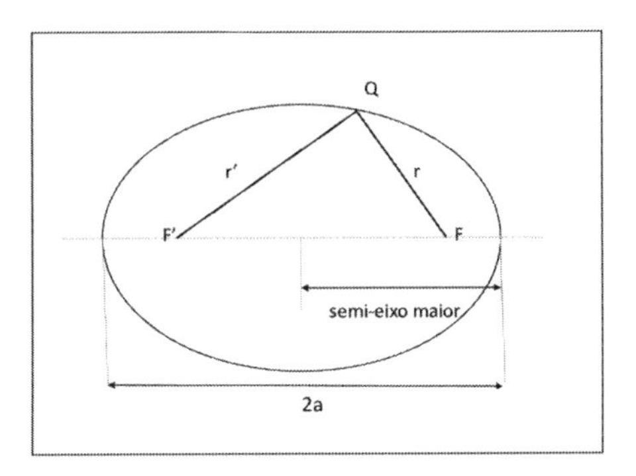

Fonte: Autoria própria.

Considerando o vetor direção r, e derivando em relação ao tempo, temos

$$\frac{dr}{dt} = v = r', \tag{3}$$

e podemos denotar a derivada da aceleração como

$$a = r''. \tag{4}$$

Reescrevendo em (2), teremos:

$$-\frac{GMm}{r^2} = mr'' \Rightarrow -\frac{GM}{r^2} = r''. \tag{5}$$

Como se trata de um sistema isolado, a velocidade angular é constante. Logo,

$$\vec{L} = \vec{r} \times \vec{P} = m(\vec{r} \times \vec{r'}), \tag{6}$$

$$\vec{r} \times \vec{r''} = 0, \tag{7}$$

onde

$$P = mv. \tag{8}$$

Supondo que

$$\frac{\partial \vec{L}}{\partial t} = 0 = m(\vec{r} \times \vec{r'} + \vec{r} \times \vec{r''}) \rightarrow m(\vec{F} X \vec{r''}), \tag{9}$$

$$\vec{F} \times \vec{r''} = 0. \tag{10}$$

A equação (10) precisa ser zero como condição e analisando o que já encontramos, temos as seguintes igualdades:

$$\vec{r} = r \times \hat{r}, \tag{11}$$

$$\vec{r'} = r'.\hat{r} + r, \tag{12}$$

$$\hat{r} = \cos\theta\hat{i} + \operatorname{sen}\theta\hat{j}. \tag{13}$$

Derivando o vetor direção r em relação a theta, temos:

$$\frac{d\hat{r}}{dt} = \frac{d\hat{r}}{d\theta}\frac{d\theta}{d\theta} \rightarrow \frac{d\hat{r}}{dt} = \left(-\operatorname{sen}\theta\hat{i} + \cos\theta\hat{j}\right)\theta'. \tag{14}$$

Para uma melhor compreensão, podemos realizar um diagrama que implica que o versor θ é ortogonal ao vetor r, de módulo 1 (figura 3). Ou seja,

$$\frac{d\hat{r}}{dt} = \hat{\theta}\theta'. \tag{15}$$

Derivando mais uma vez, temos:

$$\vec{r''} = r'' \times \hat{r} + r'\theta'\hat{\theta} + \left(r'\theta' + r\theta''\right)\hat{\theta} - r\left(\theta'^2\right)\hat{r}$$

$$\Rightarrow r'' = \left(r'' - r\theta'^2\right)\hat{r} + \left(2r'\theta' + r\theta''\right)\hat{\theta}. \tag{16}$$

Substituindo a equação (16) na equação (7), teremos:

$$\vec{r} \times \left[\left(r'' - r\theta'^2\right)\hat{r} + \left(2r'\theta' + r\theta''\right)\hat{\theta}\right] = 0$$

$$\Rightarrow r\left(2r'\theta' + r\theta''\right)\hat{r} \cdot \hat{\theta} = 0. \tag{17}$$

Onde:

$$\hat{r} \times \hat{\theta} = k \tag{18}$$

Figura 3: Vetor r ortogonal ao versor θ.

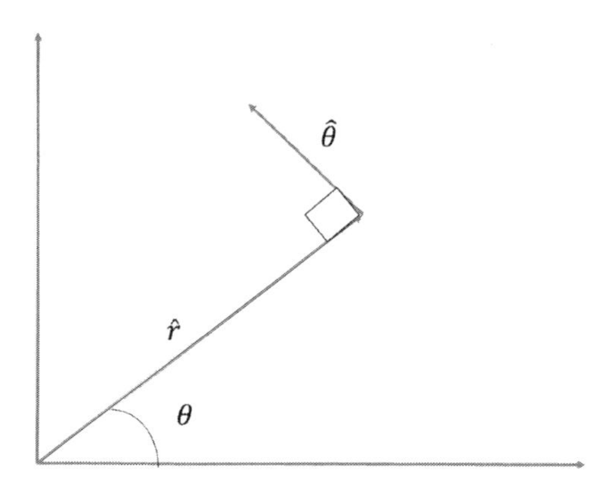

Fonte: Autoria própria.

e

$$2r'\theta' + r\theta'' = 0. \tag{19}$$

Logo:

$$r'' = \left(r'' - r\left(\theta'^2\right)\hat{r}\right). \tag{20}$$

Substituindo a equação (20) na equação (5), teremos:

$$-\frac{GM}{r^2} = r'' - r\theta'^2. \tag{21}$$

Agora, precisamos retirar a dependência temporal da equação (21) transformando-a em uma Equação Diferencial Ordinária de duas variáveis. Para isso, devemos considerar:

$$r = |r|, \tag{22}$$

$$r' = \frac{dr}{d\theta}\theta', \tag{23}$$

$$r'' = \frac{d^2r}{d\theta^2}\left(\theta'^2\right) + \frac{dr}{d\theta}\theta''. \tag{24}$$

Retomando o momento angular,vamos inserir as equações (11) e (12) na equação (6), teremos:

$$\vec{L} = m\left(\vec{r} \times \vec{r}'\right) = m\left[(r \times \hat{r}) \times \left(r'\hat{r} + r\theta'\hat{\theta}\right)\right] = m\left(r^2\right)\theta'\hat{r} \times \hat{j}, \quad (25)$$

onde

$$\hat{r} \times \hat{j} = K. \quad (26)$$

Logo,

$$L = mr^2\theta' \Rightarrow \theta' = \frac{L}{mr^2}. \quad (27)$$

Aplicando a segunda derivada, teremos:

$$\theta'' = \frac{L^2}{m} \cdot \frac{r'}{r^3}. \quad (28)$$

Substituindo a equação (28) na equação (21), teremos:

$$\begin{aligned} -\frac{GM}{r^2} &= \frac{d^2r}{d\theta^2}\left(\theta'^2\right) + \frac{dr}{d\theta}\theta'' - r\left(\theta'^2\right) \\ \Rightarrow -\frac{GM}{r^2} &= \frac{d^2r}{d\theta^2}\frac{L^2}{m^2r^4} - \left(\frac{dr}{d\theta}\right)^2\frac{2L^2}{m^2r^5} - \frac{rL^2}{m^2r^4} \\ \Rightarrow -\frac{GM}{r^2} &= \frac{L^2}{m^2r^4}\left(\frac{d^2r}{d\theta^2} - \frac{2}{r}\left(\frac{dr}{d\theta}\right)^2 - r\right) \\ \Rightarrow -GM &= \left(\frac{L}{mr}\right)^2\left(\frac{d^2r}{d\theta^2} - \frac{2}{r}\left(\frac{dr}{d\theta}\right)^2 - r\right). \end{aligned} \quad (29)$$

Substituindo r por $1/a$, teremos:

$$\frac{dr}{d\theta} = \frac{dr}{da}\frac{da}{d\theta} = \frac{1}{a^2} - \frac{da}{d\theta}. \quad (30)$$

Derivando mais uma vez teremos:

$$\frac{d^2r}{d\theta^2} = \frac{2}{a^3}\left(\frac{dr}{d\theta}\right)^2 - \frac{1}{a^2}\frac{d^2a}{d\theta^2}. \quad (31)$$

Substituindo a equação (31) na equação (29), teremos:

$$-GM = \left(\frac{La}{m}\right)^2 \left[\frac{2}{a^3}\left(\frac{dr}{d\theta}\right)^2 - 2a\frac{1}{a^4}\left(\frac{da}{d\theta}\right)^2 - \frac{1}{a}\right]$$

$$\Rightarrow \ +GM = \frac{L^2}{m^2}a^2\left[-\frac{1}{a^2}\frac{d^2a}{d\theta^2} + \frac{1}{a}\right] \Rightarrow GM = \frac{L^2}{m^2}\left[\frac{d^2a}{d\theta^2} + a\right]. \quad (32)$$

Isolando as derivadas, teremos:

$$\frac{d^2a}{d\theta^2} + a = \frac{GMm^2}{L^2}. \quad (33)$$

Resolvendo a Equação Diferencial Ordinária encontramos a equação do raio da cônica, que pode ser uma elipse, provando a primeira Lei de Kepler. Ou seja,

$$E = \frac{L^2}{GMm^2r_0} - 1. \quad (34)$$

De acordo com a Lei dos Orbitais Elípticos descritos, um planeta realiza uma órbita elíptica ao redor do Sol, conforme provado anteriormente e ilustrado na Figura 4. Esse movimento acontece graças à força gravitacional que atua

Figura 4: Órbita elíptica da Terra ao redor do Sol.

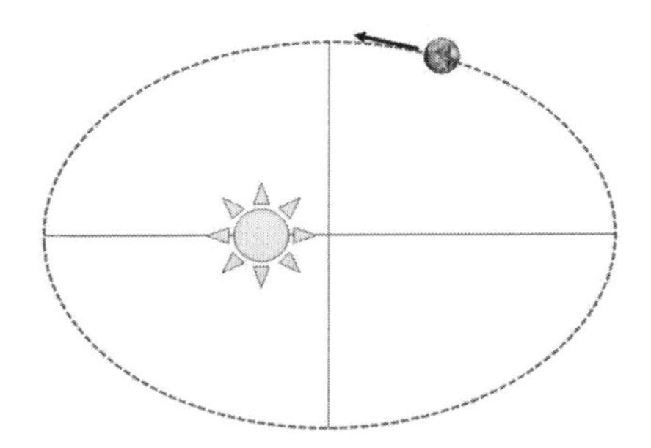

Fonte: Autoria própria.

paralelamente à reta que une os planetas. Realizando um somatório dos torques em relação ao ponto 0, temos que

$$\vec{\tau_0} = \hat{r} \times \hat{F}. \quad (35)$$

Com os vetores r e F paralelos em qualquer posição na órbita, cujo torque será:

$$\vec{\tau_0} = 0. \tag{36}$$

Sabemos que a soma vetorial de todos os torques que atuam em um corpo é igual a sua taxa de variação do momento angular em relação ao tempo. Ou seja,

$$\sum \tau = \frac{d\vec{L}}{dt} = \tau_0 = 0. \tag{37}$$

O vetor do momento angular em relação ao ponto 0 é constante com o tempo. Significa dizer que o momento angular (L) não varia em módulo, direção e sentido; sendo L definido pelo produto vetorial do vetor r pelo vetor do momento linear da seguinte forma:

$$\vec{L} = \vec{r} \times \vec{\rho}. \tag{38}$$

definindo o plano orbital se houvesse mudança no plano orbital, L também mudaria de direção e como não pode haver alterações em L, o plano orbital nunca muda. Ou seja, a conservação de direção e sentido do vetor L implica que a órbita dos planetas é constante.

A segunda Lei de Kepler, ou Lei das Áreas, diz:

> *"No movimento de órbita de um planeta, o raio vetor varre áreas iguais em tempos iguais."*

Para provar, partiremos do princípio de que a órbita de um planeta é uma elipse de excentricidade nula com o Sol no centro.

Sendo a equação da circunferência:

$$x^2 + y^2 = r^2. \tag{39}$$

Se parametrizarmos a curva, teremos:

$$x = r\cos\theta, \tag{40}$$

$$y = r\,\text{sen}\,\theta, \tag{41}$$

para $\theta \in [0, 2\pi]$ com o vetor posição dado por

$$\vec{r}(\theta) = r\cos\theta\vec{i} + r\,\text{sen}\,\theta\vec{j}. \tag{42}$$

Utilizando a Regra da Cadeia, teremos

$$\vec{V}(t) = \frac{d\vec{r}}{dt} = \frac{d\vec{r}}{dt}\frac{d\theta}{dt} \Rightarrow \vec{V}(t) = -r \operatorname{sen}\theta \left(\frac{d\theta}{dt}\right)\vec{i} + r\cos\theta\left(\frac{d\theta}{dt}\right)\vec{j}. \quad (43)$$

Vamos considerar:

$$\begin{aligned}
&\vec{h} = \vec{r} \wedge \vec{V} \\
&\quad \Rightarrow \vec{h} = \left(r\cos\theta\vec{i} + r\operatorname{sen}\theta\vec{j}\right] \wedge \left[-r\operatorname{sen}\theta\vec{i} + r\cos\theta\vec{j}\right)\left(\frac{d\theta}{dt}\right) \\
&\quad \Rightarrow \vec{h} = \Big(-r^2\cos\theta\operatorname{sen}\theta\vec{i}\wedge\vec{j} + r^2\cos^2\theta\vec{i}\wedge\vec{j} - r^2\operatorname{sen}^2\theta\vec{j}\wedge\vec{i} \\
&\qquad\qquad + r^2\operatorname{sen}\theta\cos\theta\vec{j}\wedge\vec{j}\Big)\left(\frac{d\theta}{dt}\right) \\
&\quad \Rightarrow \vec{h} = \left(r^2\cos^2\theta\vec{K} + r^2\operatorname{sen}^2\theta\vec{K}\right)\left(\frac{d\theta}{dt}\right) \Rightarrow \vec{h} = r^2\frac{d\theta}{dt}\vec{K}. \quad (44)
\end{aligned}$$

Calculando o módulo de h:

$$\left|\vec{h}\right| = \left|\vec{r}\wedge\vec{V}\right| = |\vec{r}|\left|\vec{V}\right|\operatorname{sen}\phi, \quad (45)$$

$$|\vec{r}| = r, \quad (46)$$

e

$$\left|\vec{V}\right| = r\frac{d\theta}{dt}, \quad (47)$$

ou seja,

$$h = rr\frac{d\theta}{dt}\operatorname{sen}90^\circ = r^2\frac{d\theta}{dt}. \quad (48)$$

Sendo assim, o módulo de h pode ser interpretado como a área do retângulo formado por r e V. Porém, como trata-se de uma circunferência, temos que o ângulo entre V e r será para qualquer ponto igual a 90°. Para calcular o momento angular em qualquer ponto da órbita do planeta, temos

$$\vec{L} = \vec{r}\wedge\vec{\rho} \quad (49)$$

ou

$$\vec{L} = m\left(\vec{r}\wedge\vec{V}\right), \quad (50)$$

se considerarmos a massa. Portanto,

$$\vec{L} = \vec{r} \wedge m\vec{V}. \tag{51}$$

Realizando o produto anterior, teremos:

$$\vec{L} = mr^2 \frac{d\theta}{dt} \vec{K}. \tag{52}$$

Se analisarmos o vetor L, encontramos uma relação entre L e h. Logo,

$$h = r^2 \frac{d\theta}{dt} \vec{K} \Rightarrow \vec{L} = m\vec{h} \Rightarrow \left|\vec{L}\right| = m\left|\vec{h}\right|. \tag{53}$$

E como já havia sido provado, $|L|$ é constante. Logo, $|h|$ também será constante. Se considerarmos o deslocamento de um planeta de uma posição inicial $\vec{r}_0$ para uma posição final $\vec{r}_{(t+\Delta t)}$ teremos, se o intervalo de tempo for muito pequeno, tenderá a zero e o módulo do vetor de deslocamento ficará muito próximo do valor do comprimento do arco formado pelo deslocamento, ou seja,

$$dA = \frac{rr d\theta}{2} \Rightarrow dA = \frac{r^2}{2} d\theta. \tag{54}$$

A área do ângulo θ varia com o tempo, então

$$\frac{dA}{dt} = \frac{r^2}{2} \frac{d\theta}{dt} \Rightarrow \frac{r^2}{2} d\theta = h \Rightarrow \frac{dA}{dt} = \frac{h}{2}. \tag{55}$$

Como

$$\left|\vec{h}\right| = h = K \tag{56}$$

é uma constante, concluímos que,

$$\frac{dA}{dt} = \frac{h}{2} = K. \tag{57}$$

A equação acima afirma que a razão pela qual A é percorrida é constante, provando assim a Lei da Área de Kepler.

Agora considerando o período T de um planeta em torno do Sol ou o tempo que este planeta faz sua translação completa, suponhamos que os comprimentos dos eixos maiores e menores da elipse orbital sejam $2a$ e $2b$, respectivamente.

A terceira Lei de Kepler, ou Lei dos Períodos, diz:

"A razão entre os quadrados dos períodos de translação dos planetas e os cubos dos respectivos raios médios das órbitas é sempre constante."

O período de rotação do planeta será o tempo que r leva para varrer toda a área da elipse. Ou seja,

$$\frac{dA}{dt} = \frac{h}{2} \Rightarrow dA = \frac{h}{2}dt. \tag{58}$$

Integrando a expressão, teremos:

$$\int_0^A dA = \frac{h}{2}\int_0^T dT. \tag{59}$$

Diagramando

$$A_e = 4\int_0^{a\sqrt{1-\frac{y}{x}}} dx\,dy \Rightarrow A_e = 4\int_0^b a\sqrt{1-\frac{y^2}{b^2}}\,dy$$

$$\overset{(40)-(41)}{\Rightarrow} A_e = 4ab\int_0^{\frac{\pi}{2}} \sqrt{1-\text{sen}^2\theta y}\cos\theta\,d\theta \Rightarrow A_e = 4ab\int_0^{\frac{\pi}{2}} \cos^2\theta\,d\theta$$

$$\Rightarrow A_e = 4ab\left(\frac{1}{2}\theta + \frac{\text{sen}\,2\theta}{4}\right)\Bigg|_0^{\frac{\pi}{2}} \Rightarrow A_e = 4ab\frac{\pi}{4} \Rightarrow A_e = \pi ab. \tag{60}$$

Substituindo a equação (60) na equação (59), teremos:

$$|A|_0^{\pi ab} = \frac{h}{2}|t|_0^T \Rightarrow \pi ab = \frac{h}{2}T \Rightarrow T = \frac{2\pi ab}{h}. \tag{61}$$

Usando a definição, teremos:

$$a^2 = b^2 + (aE)^2 \approx E = \frac{c}{a} \Rightarrow b^2 = a^2 - (aE)^2$$

$$\Rightarrow b^2 = a^2\left(1-E^2\right) \Rightarrow b^2 = a\sqrt{1-E^2}. \tag{62}$$

Substituindo na definição, teremos:

$$\frac{h^2}{GM} = T = a\left(1 - E^2\right) \Rightarrow b = a\left(1 - E^2\right)$$
$$\Rightarrow b^2 = a^{2^{1-E^2}} \Rightarrow b^2 = a\left[a\left(1 - E^2\right)\right]$$
$$\Rightarrow b^2 = aT \Rightarrow \frac{b^2}{a} = T = \frac{h^2}{GM} \Rightarrow \frac{b^2}{a} = \frac{h^2}{GM}. \quad (63)$$

A equação acima também prova que se a órbita de um planeta é periódica, ela também é elíptica, como denota a primeira Lei de Kepler.

Continuando

$$b = \sqrt{\frac{ah^2}{GM}} \Rightarrow T = \frac{2\pi ab}{h} \Rightarrow (Th)^2 = \left(2\pi a\sqrt{\frac{ah^2}{GM}}\right)^2$$
$$\Rightarrow T^2h^2 = 4\pi^2a^2\frac{ah^2}{GM} \Rightarrow T^2 = \frac{4\pi^2a^3}{GM}. \quad (64)$$

Sabemos que toda elipse possui diretrizes D_1 e D_2 e que são diretamente relacionadas com seus dois focos F_1 e F_2, respectivamente, além de uma excentricidade E, com $0 < E < 1$.

Se a elipse tiver um semieixo maior a e um semieixo menor b, sua excentricidade será dada por

$$E = \frac{c}{a}, \quad (65)$$

onde

$$c = \sqrt{a^2 - b^2}. \quad (66)$$

Que é a distância do centro de cada foco.

Cada uma das diretrizes está a d unidades de distância dos seus focos correspondentes, ou seja,

$$d = \frac{b^2}{c}, \quad (67)$$

sendo elas perpendiculares ao eixo maior. Com isso, podemos provar a Terceira Lei de Kepler como,

$$\frac{b^2}{GM} = \frac{b^2}{a} = \frac{b^2}{c/E} = b^2\frac{c}{E} = Ed. \quad (68)$$

3 Conclusão

Uma das atividades realizadas pela disciplina de Equações Diferenciais Ordinárias, ministrada pela professora , foi a visita dos alunos ao Espaço da Ciência e do Firmamento, localizado na UFMA. Com base no modelo simplificado do sistema solar encontrado na visita foi possível aplicar a didática do nosso trabalho, dando ênfase ao escopo teórico com uma metodologia simples, visando apenas o entendimento acerca do fenômeno físico das órbitas planetárias, sob o arcabouço teórico matemático elaborado neste artigo, cujo objetivo foi a descrição das Leis de Kepler através de equações diferenciais ordinárias.

A descrição do movimento planetário através das equações diferenciais ordinárias demonstra a aplicação da ferramenta matemática vista de uma forma bastante teórica, pouco prática e distante das aplicações possíveis do mundo real. Os princípios físicos ganham forma nas equações que explicam a ocorrência dos fenômenos.

Referências

ARGUELLO, M.C.D. Neves; C. **Astronomia de Régua e Compasso de Kepler a Ptolomeu.** Papirus Livraria Editora, São Paulo: , 1986

COHEN, I. Bernard. **O Nascimento de uma Nova Física**. Editora EdArt, São Paulo: , 1967

MATSUURA, Oscar T. **História da Astronomia no Brasil**, V.1. Comissão editorial: Alfredo Tiomno Tolmasquim; [et.al.]. - Recife: Cepe:, 2014.

CIRCUITO EM PARALELO — O RL: UMA EXPERIENCIA NA DISCIPLINA DE EQUAÇÕES DIFERENCIAIS

Deyvisson Breno Lima Fonseca

Josiel Gusmão Araújo

Matheus Ribeiro Duarte

Samuel Cantoria Ferreira

1 Introdução

No presente trabalho será descrito uma experiência que ocorreu na disciplina de Equações Diferenciais Ordinárias — EDO para o curso de Física — Licenciatura, no período 2021.2, na Universidade Federal do Maranhão (UFMA) no Campus Bacanga- São Luis.

Esta disciplina do curso de Física, geralmente é ministrada apenas com aulas teóricas sem possuir práticas. Com tudo, nesse período esta disciplina teve um diferencial, pois parte dela foi desenvolvida aulas práticas que ocorreram no Espaço da Ciência e do Firmamento, localizado na UFMA. Neste espaço, houve vários experimentos, onde podíamos visualizar e aprender mais sobre EDO.

Neste relato mostraremos a dedução da EDO que descreve o experimento do circuito em paralelo, o circuito escolhido foi o Circuito RL.

2 O Relato

A disciplina de EDO é uma das fundamentais para as ciências, e a Física faz uso dela constantemente, pois vários fenômenos da natureza são modelados por meio das equações diferenciais. E como diz (OLIVEIRA ET AL, 2012) a teoria é essencial para compreender a realidade que está inserida, mas esta compreensão se dará mediante a prática em sala de aula, quando o profissional irá confirmar de fato como acontecem as relações de ensino e aprendizagem na escola.

Portanto, a disciplina foi trabalhada com uma metodologia diferente, visando uma melhor aprendizagem. A mesma ocorreu de duas formas, uma parte foi ministrada a teoria e a outra, a prática.

Por motivos pandêmicos[1] a disciplina ocorreu de forma remota via *Google Meet*. Os encontros eram feitos duas vezes na semana, uma de forma síncrona, em que eram apresentados os conteúdos e ocorriam as interações entre professor e alunos, e a outra foi de forma assíncrona, em que eram passados vídeos sobre os conteúdos, atividades avaliativas e fóruns para discussões.

Para a aula prática, foi agendado uma visita no planetário - Espaço da Ciência e do Firmamento (ver figura 1). Neste dia observamos vários experimentos e as equações que os descreviam.

Figura 1: Espaço da Ciência e do Firmamento.

Fonte: Autoria própria.

[1]Pandemia do Covid-19 - Disponível em https://www.bio.fiocruz.br/index.php/br/noticias/1763-o-que-e-uma-pandemia Acesso em out 2022.

A turma foi dividida em dois grupos contendo oito alunos cada, para fazer a observação. Apresentamos alguns registros de fotos dos experimentos (ver figuras 2, 3 e 4) tirados durante a visita.

Figura 2: Gerador de Campo Elétrico Estático e Gerador de Energia.

Fonte: Autoria própria.

Figura 3: Circuitos paralelos e Pêndulo louco de Newton, respectivamente.

Fonte: Autoria própria.

Figura 4: Sistema planetário e Gerador de Plasma, respectivamente.

Fonte: Autoria própria.

3 O Circuito RL e o Modelo Matemático

O experimento escolhido foi o circuito RL (ver figura 5), o mesmo é constituído por um resistor, indutor podendo estar ligado em séries, como paralelo, sendo alimentado por uma fonte de suspensão.

O circuito proposto foi:

Figura 5: Circuitos RL.

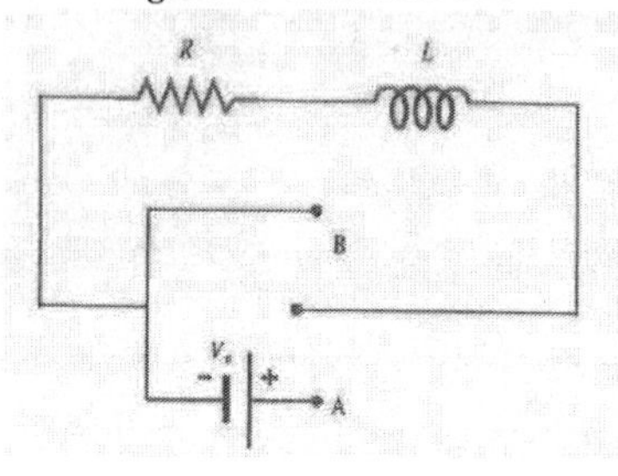

Fonte: MACHADO (2004).

Segundo MACHADO (2004), os indutores são representados por uma "molinha". Quando a chave é colocada em A, os elétrons começam a se mover e geram uma corrente i, que, bem no início do processo, tem valor pequeno, mas aumenta com rapidez, ou seja, tem di/dt grande. Essa corrente está variando e passa pelo resistor e pelo indutor. O indutor é construído de tal forma a se opor a qualquer variação de corrente, de modo que ele tende a diminuir o grande di/dt. Então, di/dt diminui, à medida que i aumenta, até que chega uma situação em que $di/dt = 0$, e a corrente atinge um valor máximo que não muda, desde a fonte mantenha uma tensão fixa. A equação diferencial para esse processo é:

$$V_0 - V_R - V_L = 0,$$

$$V_0 - R_i - L\frac{di}{dt} = 0,$$

$$L\frac{di}{dt} + Ri = V_0,$$

$$\frac{di}{dt} + \frac{R}{L}i = \frac{V_0}{L}.$$

Que pode ser resolvida por meio de:

$$\frac{di}{dt} = \frac{V_0}{L} - \frac{R}{L}i,$$
$$\frac{di}{dt} = \frac{V_0 - Ri}{L},$$
$$\frac{di}{V_0 - Ri} = \frac{dt}{L},$$
$$\int_{i_0}^{i} \frac{di}{V_0 - Ri} = \int_{t_0}^{t} \frac{dt}{L},$$
$$-\frac{1}{R} \ln \left[V_0 - Ri\right]_{i_0}^{i} = tL,$$
$$\ln\left(\frac{V_0 - Ri}{V_0}\right) = -\frac{R}{L}t,$$
$$\frac{V_0 - Ri}{V_0} = e^{-\frac{R}{L}t},$$
$$V_0 - Ri = V_0 e^{-\frac{R}{L}t},$$
$$Ri = V_0\left(1 - e^{-\frac{R}{L}t}\right).$$

E finalmente,

$$i(t) = \frac{V_0}{R}\left(1 - e^{-\frac{R}{L}t}\right).$$

Acrescenta Boyce e DiPrima (2010, p.278) quando diz que "uma razão pela qual sistemas de equações de primeira ordem são particularmente importantes é que equações de ordem maior sempre podem ser transformadas em tais sistemas". Mas ele diz ainda que é preciso um planejamento para uma abordagem numérica, pois quase todos os códigos que geram soluções numéricas de equações diferenciais são escritos para sistemas de equações de primeira ordem.

4 Conclusão

A disciplina de Equações Diferenciais Ordinárias — EDO foi muito proveitosa, pois a professora mostrou-a de forma clara, o que facilitou para o nosso aprendizado. Ela trouxe uma metodologia diferenciada o que forneceu uma bagagem de conhecimento ainda maior e estruturado. Percebemos que a parte prática contemplou a teoria e melhorou muito o nosso aprendizado fornecendo não apenas aulas massivas, mas também a visualização do que o era discutido nas aulas.

Houve uma aprendizagem significativa, e o conteúdo não foi dado de forma mecânica, e sim, com a aplicabilidade, o que é muito importante para o curso de Física.

A visita ao planetário ajudou muito para compreensão da magnitude da disciplina mostrando que as EDO têm área bem vasta.

Referências

MACHADO, Kleber Daum. **Equações diferenciais aplicadas à Física Vol.1.** 3. ed. Ponta Grossa: Uepg, 2004.

BOYCE, William E.DIPRIMA, Richard C, **Equações diferenciais elementares e proble-mas de valores de contorno** / tradução e revisão Valéria de Magalhães Lório - RJ : LTC, 2010.

APLICAÇÃO DE EQUAÇÕES DIFERENCIAIS PARA O CÁLCULO DA ENERGIA POTENCIAL GRAVITACIONAL

Deyvison Carlos Almeida Pimenta
Felipe Pimenta Sodré
Micaelle Susy Castelo Branco Trindade
Rafael Gomes da Cruz

1 Introdução

Este estudo foi realizado por meio de um miniprojeto desenvolvido na disciplina de Equações Diferenciais Ordinárias — EDO, no curso de Física — UFMA. Uma das ações desenvolvida foi a visita ao planetário, no Ilha da Ciência e do Firmamento, onde foram apresentados diversos experimentos que relacionam as equações diferenciais com os conceitos físicos.

Desses experimentos, escolhemos o Paradoxo do Duplo Cone como tema para o nosso relato de experiência, cujo principal objetivo é descrevê-lo e interpretá-lo abordando os estudos de mecânica newtoniana, e claro, apresentar a aplicação das equações diferenciais.

A matemática contém milhares de ferramentas que possibilitam à Física entender e descrever fenômenos que ocorrem diariamente ao nosso redor. Física e Matemática são ciências que estão ligadas fortemente uma à outra. Galileu Galilei já dizia, a Matemática é a linguagem da Física, em outras palavras, a Física necessita da Matemática para que possa ser modelado seus fenômenos físicos. Logo, miniprojetos assim estimulam os alunos a progredir e aprender na prática conteúdos trabalhados na teoria.

2 Um Pouco de História

Em Londres, no século XVII, havia um descaso em relação à qualidade de vida das pessoas, especialmente em relação ao saneamento básico e a coleta de lixo. Devido a isso, uma peste se alastrou pela cidade, a peste bubônica, e posteriormente por toda Europa. Desta forma, dizimando 70 mil pessoas. Durante esse período pandêmico Newton se refugiou em uma fazenda de Woolsthorpe. Foi nesse lugar, durante a pandemia, que Newton fez as suas maiores descobertas. Entre essas descobertas destacam-se seus estudos relacionados à gravidade (NUSSENZVEIG, 2013).

Quanto aos seus estudos sobre gravidade, pelas Leis de Kepler, Newton constatou que, para além da órbita da lua, e de acordo com Feynman, Leighton e Sands (2008), "cada objeto no universo atrai todos os outros objetos com uma força que para dois corpos quaisquer é proporcional à massa de cada um e varia inversamente com o quadrado da distância entre eles". Essa é a Lei de Newton da gravitação:

$$F_g = -G\frac{m_1 m_2}{r^2}\hat{r}. \tag{1}$$

Além disso, segundo Young e Freedman (2015), ao considerar a interação apenas, entre duas partículas, ou seja, a massa é concentrada em um único ponto, isso é equivalente à interação entre dois corpos com distribuição de massa de simetria esférica em que os respectivos centros é concentrado toda a massa. Assim, é conveniente considerar corpos perfeitamente esféricos pois, sob a ação da gravidade os corpos tendem a ter uma forma esférica, como explicita. Essa observação, conforme Nussenzveig (2013), Newton obteve em 1685.

Ainda, de acordo com Nussenzveig (2013), as forças gravitacionais obedecem ao princípio de superposição, ou seja, a resultante é a soma vetorial da força sobre cada partícula individualmente. No entanto, por ser uma força conservativa, esse cálculo não será necessário, pois, ele pode ser substituído pela energia potencial, logo a força pode ser calculada a partir da energia potencial, pela seguinte equação:

$$\vec{F} = -\vec{\nabla}U = \left(\frac{\partial U}{\partial x}\hat{i} + \frac{\partial U}{\partial y}\hat{j} + \frac{\partial U}{\partial z}\hat{k}\right). \quad (2)$$

Desta forma, considerando apenas uma dimensão para obter a energia potencial dessa força é necessário resolver uma equação diferencial de primeira ordem, que terá como resultado a seguinte expressão:

$$U = -G\frac{m_1 m_2}{r}. \quad (3)$$

Essa equação diz que, quando a distância entre os corpos diminui a energia potencial diminui. Pois, ao aproximar, a força executa um trabalho positivo, ou seja, a energia potencial é convertida em uma outra forma de energia.

Diante do exposto, observa-se que equações diferenciais são frequentemente expostas em problemas de Física, ou seja, são imprescindíveis para as descrições de fenômenos naturais. Isso apenas reforça a importância na qualidade da aprendizagem de alunos, em relações aos métodos resolutivos de equações diferenciais. Não apenas o aprendizado mecânico, mas a interpretação dessas equações e suas peculiaridades, pois, possui uma vasta aplicação em diferentes áreas do conhecimento.

3 A Energia Potencial Gravitacional

Nesta seção será exposto a aplicação de equações diferenciais para o cálculo de energia potencial gravitacional. Além disso, será abordado o experimento do Paradoxo do Duplo Cone, em que são observados diversos conceitos físicos inclusive o conceito de energia potencial gravitacional.

A lei da gravitação universal (equação 3), como vimos, afirma que cada partícula de massa atrai outra partícula no universo com uma força que varia diretamente conforme o produto de duas massas e inversamente ao quadrado da distância entre elas.

Nas situações em que uma força conservativa atua entre objetos de um sistema, torna-se conveniente e útil definir um outro tipo de energia: a Energia potencial U que é a energia associada a configuração de um sistema.

Aqui "configuração" significa como os componentes de um sistema estão dispostos com respeito as demais (Por exemplo, a compreensão ou o alongamento da mola no sistema bloco-mola; ou altura da bola no sistema bola-terra). Quando o trabalho é realizado em um sistema por uma força conservativa, a configuração de suas partes se altera, e assim, a energia potencial varia de um valor inicial U_i para seu valor final U_f (RESNICK; HALLIDAY; KRANE, 2011). A variação da energia potencial associada a uma única força é definida como:

$$\Delta U = U_f - U_i = -W, \tag{4}$$

em que W é o trabalho realizado pela força enquanto o sistema se move de uma configuração inicial para uma determinada configuração final (Equação 5).

$$W = \int_{y_i}^{y_f} f_y(y)\, dy. \tag{5}$$

Considerando o caso em que é necessário avaliar o trabalho realizado sobre apenas um objeto do sistema, se o objeto se movimenta apenas na direção y, sua coordenada y é tudo que se necessita para definir a configuração do sistema. Usando-se a equação 5 para trabalho realizado por uma força em uma dimensão, obtém-se:

$$\Delta U = U(y_f) - U(y_i) = -W = -\int_{y_i}^{y_f} f_y(y)\, dy. \tag{6}$$

A equação 6 permite calcular a diferença de energia potencial entre dois locais y_i e y_f para uma partícula em que a força $f_y(y)$. Contudo, frequentemente, deseja-se conhecer a energia potencial associada a uma localização ou configuração arbitraria ?? em relação a uma localização de uma referência particular y_0,

$$U(y) - U(y_0) = -\int_{y_i}^{y_f} f_y(y)\, dy. \tag{7}$$

Calculando o inverso da equação 7, permite calcular a força a partir da energia potencial, como mostra a equação 8,

$$F_y(y) = -\frac{dU(y)}{dy}. \tag{8}$$

Com essas informações podemos encontrara e equação que fornece a energia potencial gravitacional para dois corpos. Imagine o exemplo em que dois corpos estão sujeitos a uma força gravitacional $\vec{F}$ o primeiro está no ponto O com massa M e o segundo está no ponto A com massa m, com uma distância r entre eles, na direção do versor $\hat{r}$ como mostra a figura 1.

Figura 1: Interação gravitacional, em que um dos corpos descreve uma órbita circular, a uma distância r.

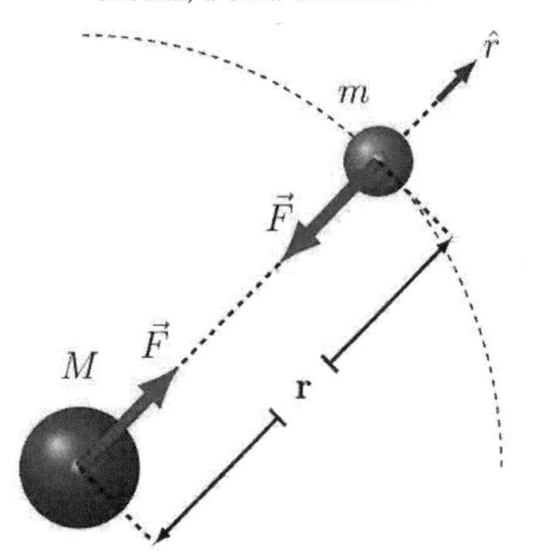

Fonte: Autoria própria.

Relacionando as equações 1 e 8, obtém-se:

$$-G\frac{Mm}{r^2} = -\frac{dU(r)}{dr}, \tag{9}$$

$$dU(r) = G\frac{Mm}{r^2}dr. \tag{10}$$

Observe que quando a energia potencial é nula, ela está a uma distância consideravelmente grande, por isso associamos a energia potencial nula quando r está no infinito,

$$\int_{0}^{U(r)} dU(r) = GMm \int_{\infty}^{r} \frac{1}{r^2} dr, \tag{11}$$

$$U(r) = GMm \left[\frac{1}{r^2}\right]_{\infty}^{r}, \tag{12}$$

$$U(r) = -G\frac{Mm}{r}. \tag{13}$$

Com isso chegamos na equação da energia potencial para dois corpos, um com massa M e outro com massa m, a uma distância r.

Para as proximidades da terra, imagine um corpo de massa m. Representa-se a coordenada vertical por y, e adota-se o sentido para cima como positivo. Escolhe-se o ponto de referência $y_0 = 0$ na superfície da terra e define-se $U(y_0) = 0$ neste ponto. Pode-se, agora, calcular a energia potencial $U(y)$ do sistema a partir da equação 7, com a força peso agindosobre corpo temos $F_y(y) = -mg$:

$$U(y) - 0 = -\int_{0}^{y} (-mg)\, dy, \tag{14}$$

$$U(y) = mgy. \tag{15}$$

3.1 Paradoxo do duplo cone

Existem alguns instrumentos na física que tem a capacidade de causar interesse imediato quando se percebe em seu funcionamento uma certa dose de mistério. Dentre esses instrumentos misteriosos destaca-se o clássico experimento do avanço de um duplo cone em uma rampa inclinada. Extremamente popular este experimento, ou simplesmente este brinquedo. É presença marcante em quase todos os laboratórios de Física das instituições escolares.

O mistério que envolve o seu funcionamento consiste em um aparente desafio à lei da gravidade: colocado na parte mais baixa de uma rampa inclinada em formato de V, o duplo cone (ver figura 2) parece subir a mesma (MEDEIROS; MEDEIROS, 2003).

Figura 2: Experimento do duplo cone.

Fonte: Autoria própria.

As origens do duplo cone são incertas. Sua popularização certamente começa no século XVIII com George Adams, um fabricante inglês de instrumentos científicos e "filosóficos". Embora esta denominação de instrumentos filosóficos possa parecer hoje um tanto anacrônica, os referidos instrumentos, eram de fato, artefatos que faziam pensar, como a bomba de vácuo, a máquina eletrostática de atrito, o mergulhador de Descartes e outros tantos que despertavam o fascínio das multidões que enchiam os salões para assistir as demonstrações dos seus efeitos misteriosos e espetaculares. A história desses artefatos, das suas origens e dos seus desenvolvimentos ocupa lugar de destaque nas próprias origens da história do ensino experimental da Física. (MEDEIROS; MEDEIROS, 2003).

Além disso, quando se analisa o experimento do duplo cone algo deve ser observado com cuidado é que, de fato, alguns pontos, que atraem a nossa atenção no fenômeno observado, realmente se elevam com o avanço do cone.

Os pontos de contato não são sempre os mesmos, pois o cone está girando e não deslizando sobre a rampa. Eles são pontos que estão continuamente variando; não são pontos fixos do duplo cone.

Quando o duplo cone é colocado sobre a rampa ele rola em direção oposta àquela que rolaria um cilindro, porque ao rolar o seu centro de massa, na verdade, desce enquanto os seus pontos de contato com os lados da rampa sobem e isso pode ser percebido na figura 3, onde representamos lateralmente o avanço de um duplo cone.

Figura 3: Experimento do duplo cone.

Fonte: Medeiros e Medeiros (2003).

Analisando a geometria do problema, temos:

a) Ângulo de elevação (Figura 4);

Figura 4: Análise geométrica do ângulo de elevação.

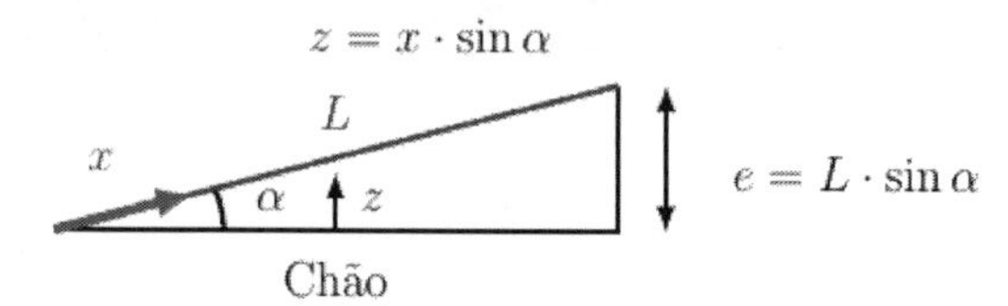

Fonte: Autoria própria.

b) Ângulo de abertura dos cabos (Figura 5);

Figura 5: Análise geométrica do ângulo de abertura dos cabos.

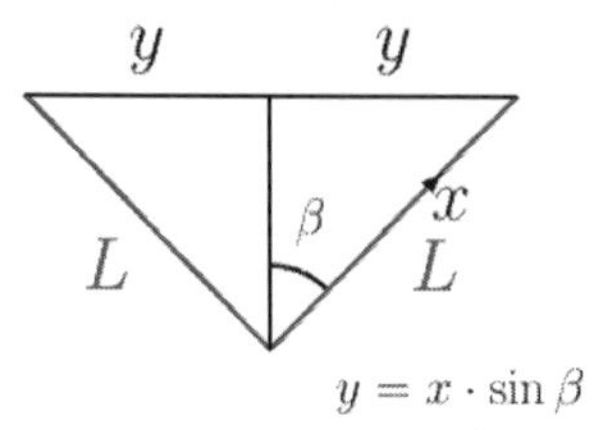

Fonte: Autoria própria.

c) Geometria do duplo cone (Figura 6);

Figura 6: Análise da geometria do duplo cone.

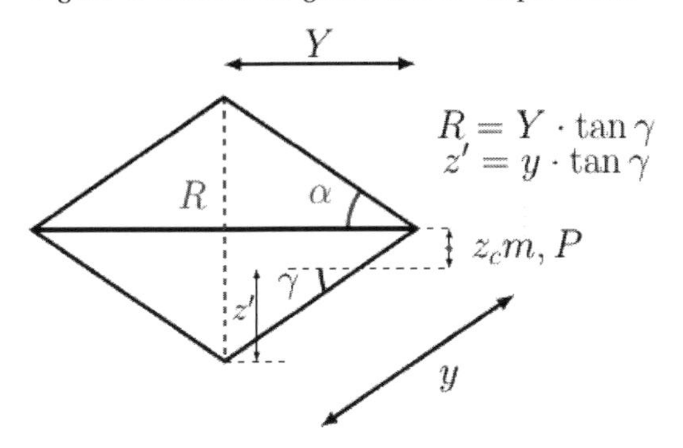

Fonte: Autoria própria.

d) Altura do centro de massa (Equação 16),

$$z_{cm} + z_p + z_{cm,p}, \tag{16}$$

em que z_{cm} é a altura do centro de massa, x_p é altura dos pontos de contato e $z_{cm,p}$ é a altura do centro de massa em relação aos pontos de contato. Observe que podemos definir z_p através do ângulo de elevação,

$$z_p = x \operatorname{sen} \alpha. \tag{17}$$

Para encontrar $z_{cm,p}$ observe na figura 6 que $z_{cm,p}$ é a subtração de R por z', com isso obtém-se a equação 18:

$$z_{cm,p} = (Y - y) \tan \gamma = R - y \tan \gamma. \tag{18}$$

Substituindo os resultados das equações 17 e 18 na equação 16 obtém-se:

$$z_{cm,p} = x \operatorname{sen} \alpha + R - y \tan \gamma. \tag{19}$$

Através da relação do ângulo de abertura como mostra a figura 5, sabe-se que $y = x \operatorname{sen} \beta$, substituindo na equação 19, chegamos na equação 20 que fornece a altura do centro massa em função do avanço do pêndulo em relação aos eixos,

$$z_{cm,p} = R + x\left(\operatorname{sen}\alpha + \tan\gamma \operatorname{sen}\beta\right). \tag{20}$$

Note que R é a altura inicial do centro de massa, a coordenada x é a responsável pelo avanço no plano inclinado, porém avançar em x implica um aumento na altura do centro de massa se e somente se o coeficiente $\operatorname{sen}\alpha - \tan\gamma \operatorname{sen}\beta > 0$, consequentemente isso implica em um abaixamento do centro de massa. Logo a condição necessária para que o duplo conecolocado sobre a rampa role em direção oposta àquela que rolaria um cilindro é dada pela inequação 21:

$$\operatorname{sen}\alpha < \tan\gamma \operatorname{sen}\beta. \tag{21}$$

Observe que a energia potencial gravitacional no início do movimento do duplo cone é maior que a energia potencial no fim do movimento, como na natureza a maioria dos corpos tende a ir do estado de maior energia para o de menor energia, isso não é diferente com o duplo cone.

Os modelos matemáticos utilizados estão de acordo com o experimento, possibilitando uma descrição, interpretação e compreensão adequada do fenômeno.

4 Conclusão

Diante do exposto, percebe-se que este trabalho foi de grande importância para os integrantes da equipe, visto que houve várias discussões e análises construtivistas que contribuíram para uma agregação não só de conhecimento, mas também de experiência acadêmica, vale ressaltar, que a experiência construída na visita ao planetário foi de grande importância para a desmitificação dos conceitos envolvidos nos experimentos.

Dessa forma, durante a observação do experimento podemos visualizar relevância dos conteúdos abordados em sala de aula sobre equações diferenciais ordinárias aplicadas nos conceitos experimentais na área física como paradoxo do duplo cone.

A partir dos fatos citados, podemos concluir primeiro que criar atividades investigativas para a construção de conceitos físicos e modelagens matemáticas a partir da observação e experimentação é uma forma de oportunizar ao aluno participar no seu desenvolvimento intelectual e torná-lo um profissional que saiba atuar de forma competente.

Ademais, quando se observa o experimento do duplo cone podemos assentar que o objetivo geral foi atingindo. Uma vez que para elaboração dele, tivemos que relembrar alguns conceitos físicos já estudados como centro de massa, velocidade de rotação, estabilidade, momento angular, momento de inércia, assim como, o estudo de equações diferenciais para se poder interpretar a demonstração dos modelos matemáticos apresentados nos livros.

Logo, urge que atividades assim sejam inseridos no meio acadêmico pois elas estimulam os alunos a progredir e desenvolver competência nos conteúdos abordados pelo professor em sala de aula. Para Piaget, o trabalho docente envolve criar situações que possibilitem ao aluno reestruturar seus esquemas mentais. O ato de ensinar deve estimular e provocar o desequilíbrio na mente do estudante para que, ao buscar o reequilíbrio, ele construa novos significados, se reorganize cognitivamente e, consequentemente, aprenda. (MOREIRA, 2011).

Referências

FEYNMAN, R. P.; LEIGHTON, R. B.; SANDS, M. Lições de Física de Feynman. Porto Alegre: Bookman, 2008. v. 1.

MEDEIROS, A.; MEDEIROS, C. F. d. Desvendando o mistério do duplo cone. Revista Brasileira de Ensino de Física, SciELO Brasil, v. 25, n. 3, p. 333-339, 2003.

MOREIRA, M. Teorias de aprendizagem. 2. ed. São Paulo: EPU, 2011.

NUSSENZVEIG, H. M. Curso de física básica: Mecânica. 5. ed. São Paulo: Editora Blucher, 2013. v. 1.

RESNICK, R.; HALLIDAY, D.; KRANE, K. S. Física 1. 5. ed. Rio de Janeiro: LTC, 2011.

THORNTON, S.; MARION, J. Dinâmica clássica de partículas e sistemas. 14. ed. São Paulo: Cengage Learning, 2012.

YOUNG, H.; FREEDMAN, R. Física II : termodinâmica e ondas. 14. ed. São Paulo: Pearson Addison Wesley, 2015. ISBN 9788588639331.